Professional Engineer Library

工業力学

PEL 編集委員会　[監修]
本江哲行　久池井茂　[編著]

実教出版

はじめに

「Professional Engineer Library (PEL)：自ら学び自ら考え自ら高めるシリーズ」は，高等専門学校（高専）・大学・大学院の学生が主体的に学ぶことによって，卒業・修了後も修得した能力・スキル等を公衆の健康・環境・安全への考慮，持続的成長と豊かな社会の実現などの場面で，総合的に活用できるエンジニアとなることを目的に刊行しました。ABET，JABEE，IEA の GA (Graduate Attributes) などの対応を含め，国際通用性を担保した"エンジニア"育成のため，統一した思想*のもとに編集するものです。

▶本シリーズの特徴は，以下のとおりです。

❶……学習者（以下，学生と表記）が主体となり，能動的に学べるような，学習支援の工夫があります。学生が，必ず授業前に自学自習できる「予習」を設け，1 つの章は，「導入 ⇒ 予習 ⇒ 授業 ⇒ 振り返り」というサイクルで構成しています。

❷……自ら課題を発見し解決できる"技術者"育成を想定し，各章で，学生の知的欲求をくすぐる，実社会と工学（科学）を結び付ける分野横断の問いを用意しています。

❸……シリーズを通じて内容の重複を避け，効率的に編集しています。発展的な内容や最新のトピックスなどは，Web と連携することで，柔軟に対応しています。

❹……能力別の領域や到達レベルを網羅した分野別の学習到達目標に対応しています。これにより，国際通用性を担保し，学生および教員がラーニングアウトカム（学習成果）を評価できるしくみになっています。

❺……社会で活躍できる人材育成の観点から，教育界（高専，大学など）と産業界（企業など）の第一線で活躍している方に執筆をお願いしています。

　本シリーズは，高度化・複雑化する科学・技術分野で，課題を発見し解決できる人材および国際的に先導できる人材の養成に応えるものと確信しております。幅広い教養教育と高度の専門教育の結合に活用していただければ幸いです。

　最後に執筆を快く引き受けていただきました執筆者各位と企画・編集に献身的なお世話をいただいた実教出版株式会社に衷心より御礼申し上げます。

2016 年 9 月
PEL 編集委員会一同

＊文部科学省平成 22, 23 年度先導的大学改革推進委託事業「技術者教育に関する分野別の到達目標の設定に関する調査研究報告書」準拠，国立高等専門学校機構「モデルコアカリキュラム（試案）」準拠

本シリーズの使い方

　高専や大学，大学院では，単に知識をつけ，よい点数や単位を取ればよいというものではなく，複雑で多様な地球規模の問題を認識してその課題を発見し解決できる，知識・理解を基礎に応用や分析，創造できる能力・スキルといった，幅広い教養と高度な専門力の結合が問われます。その力を身につけるためには，学習者が能動的に学ぶことが大切です。主体的に学ぶことにより，複雑で多様な問題を解決できるようになります。

　本シリーズは，学生が主体となって学ぶために，次のように活用していただければより効果的です。

❶……学生は，必ず授業前に各章の到達目標（学ぶ内容・レベル）を確認してください。その際，学ぶ内容の"社会とのつながり"をイメージしてください。また，関連科目や前章までに学んだ知識量・理解度を確認してください。⇒ **授業の前にやっておこう!!**

❷……学習するとき，ページ横のスペース・欄に注目し活用してください。執筆者からの大切なメッセージが記載してあります。⇒ **WebにLink，プラスアルファ，Don't Forget!!，工学ナビ，ヒント**
　　　また，空いたスペースには，学習の際気づいたことなどを積極的に書き込みましょう。

❸……例題，演習問題に主体的，積極的に取り組んでください。本シリーズのねらいは，将来技術者として知識・理解を応用・分析，創造できるようになることにあります。⇒ **例題・演習を制覇!!**

❹……章の終わりの「あなたがここで学んだこと」で，必ず"振り返り"学習成果を確認しましょう。
　　　⇒ **この章であなたが到達したレベルは？**

❺……わからないところ，よくできなかったところは，早めに解決・到達しましょう。⇒ **仲間などわかっている人，先生に Help**（※わかっている人は他者に教えることで，より効果的な学習となります。教える人，教えられる人，ともにメリットに！）

❻……現状に満足せず，さらなる高みにいくために，さらに問題に挑戦しよう。⇒ **Let's TRY!!**

　以上のことを意識して学習していただけると，執筆者の熱い思いが伝わると思います。

WebにLink	**+α プラスアルファ**	**Let's TRY!**
本書に書ききれなかった解説や解釈（写真や動画），問題などをWebに記載。	本文のちょっとした用語解説や補足・注意など。「WebにLink」にするほどの文字量ではないもの。	おもに発展的な問題など。
Don't Forget!!	**工学ナビ**	**ヒント**
忘れてはいけない知識・理解（この関係はよく使うのでおぼえておこう！）。	関連する工学関連の知識などを記載。	文字通り，問題のヒント，学習のヒントなど。

まえがき

このたび「Professional Engineer Library：PEL」シリーズとして，『PEL 工業力学』を上梓することができて，心より嬉しく思っております。本書は高専・大学の機械系の必須科目である工業力学について，本格的な内容をわかりやすく丁寧に説明したものです。数学や物理学を学び，これから本格的な専門科目を学ぼうとする読者の皆様が，受動的な学習から能動的・自律的な学習への転換ができるよう工夫もしています。

このPELシリーズが，専門科目教育の新たなツールとして注目されることを切に願っております。

教育現場では「継続的に学ぶ力」を習得させるために，学生が自ら課題を発見し解決をはかるアクティブ・ラーニングの充実が求められています。『PEL 工業力学』では，各章における到達目標の明示，予習，知識定着のための演習，知識を活用し知恵へと転換するための解説，到達目標のチェック，自己学習用スペースの確保など，アクティブ・ラーニングが実施できるしかけをたくさん用意しています。

これから学ぶ工業力学は，社会の実践的な力学に関する問題に取り組むため，さまざまな物体の運動について力学の考え方および原理を知る学問です。機械系の専門科目である材料力学，機械力学，流体力学，熱力学などへとつながるので，これらの考え方および原理を理解し実践的な考える力を養っていく必要があります。したがって，これから，本格的な専門科目を学ぼうとする方は，知識と知恵の土台作りのためにも，ぜひとも工業力学をマスターしてください。

しかし，工業力学の勉強を進めていくうちに，三角関数，ベクトル，微分・積分など，さまざまな数学を扱う場面が出てきて，知識の定着ができない方がいることも事実です。せっかく数学を学んできたのにもったいないことです。また，科目名が異なるだけでこれまで学んできたことを応用展開できなくなるのは，あらゆる学問での連携ができていないことにつながります。これは，実験と演習での利活用を求められている実践型技術者教育においても望ましくありません。

したがって，このようなケースが発生しないように，側注を利用して，さまざまな内容どうしが結びつくように，Don't Forget!!，プラスアルフ

ァ，工学ナビ，Let's Try!! などのしかけも設けています。さらにアクティブ・ラーニングの充実がはかれるように Web への Link もあります。受け身型から主体的な学びへの転換を実現でき，工業力学と ICT などを活用した学習との連携をはかれるようなテキストとなるように，執筆者の先生方と検討を重ねながら，本書を作り上げました。

　『PEL 工業力学』は，1 章当たり 10 〜 20 ページ構成の 15 章で構成されており，各章はそれぞれのテーマに分かれているので，講義・自学自習でも利用しやすい構成となっています。
　工業力学は難しいものだと思っておられる方も，講義前に必ず予習に取り組むことをお勧めします。工業力学を学ぶインセンティブやテクニカルな発想のために，科学技術の応用事例も掲載しています。初めは難しく考えずに，トピックスを知る程度で構いません。質点，モーメント，重心，分布力，座標系，仕事，エネルギー，運動量，力積，衝突，剛体など，次々と専門用語が出てきますが，自然と慣れてくるようポイントを押さえた構成にしています。各章ごとの単元だけなら，予習・講義で十分に理解することは可能です。これを積み重ねていけば工業力学の全体をつかむことができるはずです。

　各章の講義が終わりましたら，演習問題 A，演習問題 B を実際に自力で解きながら，理解を深めていってください。最後は"あなたがここで学んだこと"で到達目標をチェックして，各章の学習項目を確認することが重要です。このチェックが終わったならば，後は自分で納得がいくまで何度でも繰り返し練習することです。この反復練習により，社会で役立つ本物の実践力が身につきます。
　『PEL 工業力学』により，皆さんがエンジニアリングデザイン能力を身につけることを心より期待しています。

　最後に，本書の出版にあたり，実教出版の横山晃一様に多大なるご協力をいただきました。ここに記して心より謝意を表します。

著者を代表して
本江哲行，久池井茂

目次

まえがき ──────────────────── 4

1章 工業力学入門

1節 機械工学における力学の役割 ──────── 12
  1. 力学とは
  2. 工業力学を学ぶことの必要性
  3. 機械の発展と力学
  4. 工学者「ヘロン」と5つの単一機械
  5. 現代の機械要素とそのしくみ

2節 力学的問題の事例 ──────────── 18
  1. 身近な機械の力学
  2. 産業機械の力学
  3. ロボットの力学
  4. 宇宙工学と力学
  5. スポーツにおける力学
  6. 医工学と力学

◆演習問題 ──────────────── 23

2章 工学基礎と数学

1節 三角関数 ──────────────── 26
  1. 三角関数の定義
  2. 三角関数の公式

2節 ベクトル ──────────────── 29
  1. ベクトルとスカラー
  2. ベクトルの演算

3節 微分法 ───────────────── 30
  1. 導関数
  2. 微分法
  3. 微分法の応用

4節 積分法 ───────────────── 33
  1. 不定積分と定積分
  2. 面積
  3. 回転体の体積

◆演習問題 ──────────────── 38

3章 力とは

1節 力の基本原理 ────────────── 42
  1. 力のベクトル表示
  2. 運動の法則

2節 単位と数値 ─────────────── 44
  1. 単位変換
  2. 角度
  3. 接頭語
  4. 誤差,有効数字,測定精度

3節 力の種類 ──────────────── 46

1. 重力
2. 反力と抗力
3. 摩擦力
4. 張力
5. 弾性力
◆演習問題 ──────── 49

4章 一点に働く力

1節 着力点が同一の力 ──────── 52
　1. 着力点が同一の2力の合成と分解
　2. 着力点が同一の3力以上の合力
2節 力のつり合い ──────── 54
3節 接触点での力の作用 ──────── 56
　1. 曲面での接触
　2. 摩擦のある接触
◆演習問題 ──────── 58

5章 複数の点に働く力

1節 剛体に働く力 ──────── 62
　1. 剛体に働く力
　2. 剛体に働く力の合成
2節 力のモーメントの大きさ ──────── 63
　1. 剛体の平行移動と回転
　2. 偶力のモーメント
3節 平行な2力の合成とつり合い ──────── 64
4節 剛体に働く力のつり合い ──────── 66
◆演習問題 ──────── 68

6章 重心と分布力

1節 重心 ──────── 72
　1. 重心
　2. 立体の重心
　3. 平面図形の重心
2節 分布力 ──────── 77
　1. 分布力の合力
　2. 静止流体による力
3節 物体の安定 ──────── 81
◆演習問題 ──────── 83

7章 直線運動と平面運動

1節 位置，速度，加速度 ──────── 86
　1. 位置
　2. 速度
　3. 加速度
2節 質点の直線運動 ──────── 89
3節 質点の平面運動 ──────── 91

1. 曲線に沿う運動
　　2. 曲線に沿う運動のベクトル表現
◆演習問題 ――――――――――――――― 94

8章 円運動と曲線運動

1節　円運動における接線・法線加速度成分 ――― 96
2節　曲線運動の極座標表現 ――――――――― 99
　　1. 直交座標と極座標
　　2. 曲線運動の極座標表現
　　3. 円運動の極座標表現
◆演習問題 ――――――――――――――― 104

9章 力と運動法則

1節　質点の運動方程式 ―――――――――― 108
　　1. 落体と放射体の運動
　　2. 拘束された条件下での運動
2節　ダランベールの原理 ――――――――― 113
3節　求心力と遠心力 ――――――――――― 114
◆演習問題 ――――――――――――――― 116

10章 仕事とエネルギー

1節　仕事 ―――――――――――――――― 120
　　1. 仕事と単位
　　2. 重力の作用による仕事
　　3. ばねのする仕事
　　4. 摩擦力が作用する場合の仕事
　　5. モーメントによる仕事
　　6. 動力（仕事率）
2節　エネルギー ――――――――――――― 126
　　1. エネルギーの種類
　　2. 位置エネルギー
　　3. 運動エネルギー
3節　エネルギー保存の法則 ――――――――― 128
◆演習問題 ――――――――――――――― 130

11章 運動量，力積と衝突

1節　運動量と力積，運動量保存の法則 ―――― 134
　　1. 運動量
　　2. 力積
　　3. 運動量保存の法則
2節　衝突 ―――――――――――――――― 137
　　1. 反発係数
　　2. 向心衝突
3節　衝突における運動エネルギー ―――――― 141
　　1. 運動エネルギーの損失と保存
　　2. 運動エネルギーの損失と変形仕事
◆演習問題 ――――――――――――――― 143

12章 質点系の運動

- 1節 質点系の運動 —— 146
  1. 質点系とは
  2. 内力と外力
- 2節 重心の運動 —— 147
- 3節 全運動量の式 —— 148
  1. 全運動量の式
  2. 全運動量保存の法則
- 4節 全角運動量の式 —— 149
  1. 角運動量と角力積
  2. 角運動量保存の法則
  3. 固定点まわりの全角運動量の式と全角運動量保存の法則
  4. 重心まわりの全角運動量の式
- 5節 質点系のエネルギー —— 155
  1. 質点系の運動エネルギー
  2. 質点系の位置エネルギー
- 6節 振動 —— 156
  1. 単振動
  2. ばねでつながれた2質点の運動
- ◆演習問題 —— 159

13章 慣性モーメント

- 1節 質点系としての剛体 —— 162
- 2節 重心まわりの慣性モーメント —— 163
- 3節 平行軸の定理 —— 164
- 4節 薄板の定理 —— 165
- 5節 簡単な形状の慣性モーメント —— 165
  1. 棒
  2. 矩形（直方体）
  3. 円板
  4. 球
- ◆演習問題 —— 169

14章 剛体の運動

- 1節 剛体の運動 —— 172
- 2節 剛体の運動エネルギー —— 173
- 3節 固定軸をもつ剛体の運動 —— 174
  1. 固定軸が重心を通る運動
  2. 固定軸が重心を通らない運動
- 4節 剛体の平面運動 —— 176
  1. 円板の運動
  2. 転がり摩擦
  3. 打撃の中心
- ◆演習問題 —— 183

15章 力学の適用例

1節　機械要素における摩擦 —————— 186
1. ねじ
2. ベルト
3. 軸受

2節　回転運動から直線運動への変換 —————— 191
1. 身近な移動機械の運動
2. ボールねじ駆動型移動テーブルの駆動トルクの算出
3. ボールねじ駆動型移動テーブルの加速に必要なトルクの算出
4. ボールねじ駆動型移動テーブルの全体の慣性モーメントと加速に必要なトルク
5. ボールねじ駆動型移動テーブルの動作に必要なトルク

◆演習問題 —————— 195

解答 —————— 198
索引 —————— 203

※本書の各問題の「解答例」は，下記URLよりダウンロードすることができます。キーワード検索で「PEL 工業力学」を検索してください。　http://www.jikkyo.co.jp/download/

■章の学習内容の関係図

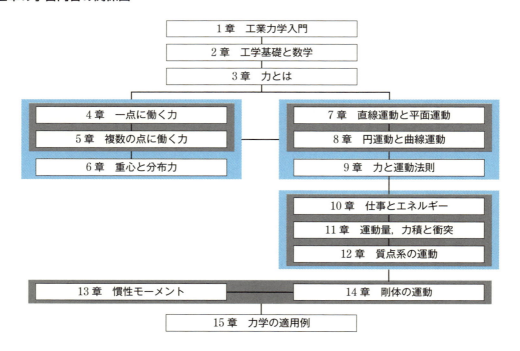

1章 工業力学入門

図A

【スキーの力学】雪面上を滑走するスキーヤーは斜面を滑り降りることができ，低地に向かってまっすぐに降りていけばスピードはだんだん速くなる。それはなぜか？

【自動車の力学】自動車は，まっすぐに走るだけではなく，カーブに沿って曲がることができる。どれだけのスピードでも滑らないのだろうか？　また，あれだけ重い自動車を，人間の手の力で操れるのはなぜだろうか？

図B

図C

【野球の力学】ピッチャーが投げたボールを上手に打ち返せば，ホームランになる。打ち返す瞬間，ボールは斜め上方に飛んでいくのにやがて地上に落ちてくる。なぜ，地球を飛び出ていかないのか？

●この章で学ぶことの概要

上で紹介した例では，いずれにおいても何らかの物体が「運動」を起こしており，その運動には何らかの「力」が関係している。生じている運動の様子は，物理法則や数学の知識を使えば説明が可能である。

本章では工業力学の導入編として，まずは身近な現象を取り上げて，物体の運動を理解する手段としての力学の必要性，および工業力学を学ぶ意義について説明する。さらに，機械にかかわる力学の事例に触れながら，工業力学の知識がどのように活用されるか説明する。

> **予習　授業の前にやっておこう!!**
>
> 1. 身のまわりにある機械や乗り物，または身のまわりで起きている現象を観察して，それらの動きが何らかの規則に従っているように見えるか，特徴を挙げてみよ。また，それは直線的か，それとも曲線的か述べよ。
>
> 2. 物理学で取り扱う「力」は，ものの運動や変形に何らかの影響を与えうる量を表すことばである。これまでに聞いたことのある「〜力」ということばを，可能なかぎり挙げてみよ。
>
> 3. 運動の3法則について調べよ。

1・1　機械工学における力学の役割

1・1・1　力学とは

　公園のすべり台で滑り降りるときのスピードは徐々に速くなってくる。ボールを斜めに投げ上げれば，ボールは弧を描きながら飛んでいく。自転車のペダルをこげば自転車は前に進み，ブレーキをかければスピードは遅くなり，やがて自転車は止まる。ふだんの生活の中で体験する，ごく当たり前の現象であって，何ら不思議には思わないかもしれないが，動きの大小を問わず，これらはすべて力学現象である（図1-1）。物体に力が作用することによって，その後の物体の運動が決まってくる。

　力学とは，物体に働く力と，それによって物体に生じる力のつり合い状態や，物体に生じる運動を取り扱う物理学の一分野である。力のつり合いに着目する場合は**静力学**[*1]，物体の運動状態に着目する場合は**動力学**[*2]と呼ばれる。静力学と動力学が取り扱う問題の例を対比して図1-2に示す。

[*1] **静力学**
静止している物体に働く，いくつかの力のつり合い状態や，物体の変形などを扱う分野。本書では，4章，5章にて取り扱う。

[*2] **動力学**
力の作用を受けている物体に生じる運動を扱う分野。ここでいう運動とは，時間とともに，物体の位置が変わることを指す。7章以降にて取り扱う。

図1-1　身近に存在する「力学」の例

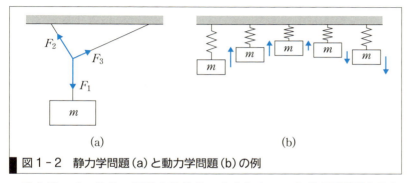

図 1-2　静力学問題(a)と動力学問題(b)の例

　動力学では，物体の運動を数学的に表すために，まずは**運動学**が取り扱われる。運動学では，観測対象としての物体の位置が，時間とともにどのように変化するかについて注目する。物体の大きさが運動に影響しなければ，物体を代表する点を決めておいて，その点の移動の様子が把握できればよい。しかし，物体の大きさが運動に与える影響を本質的に無視できない（たとえば**並進運動**[*3]に加えて，物体自身が**回転運動**[*4]するなど）場合には，その大きさを考慮した運動の記述が必要となる。並進運動と回転運動の様子を図 1-3 に示す。

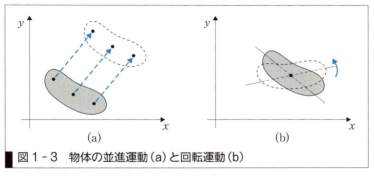

図 1-3　物体の並進運動(a)と回転運動(b)

　運動学を発展させて，物体に作用する力と運動との関係を考察する場合には，力と運動を関係づける量として，**質量**を考える必要がある。前述のように，物体の挙動を 1 つの代表点だけで表せる場合には，物体を質量がその一点に集中しているとみなせる**質点**[*5]として取り扱えばよい。その一方，物体が有限の大きさをもち，回転運動が無視できない場合には**剛体**[*6]として扱わなければならない。剛体は，それ自身は変形しないことを仮定した理想的な概念である。厳密には，どれほどかたい金属でできた物体でも**弾性**[*7]を有しているので，力が加われば微小変形する。しかし，たとえば物体の大きな動きが 10 メートルほどのレベルで観測されるのに，物体の内部に生じている変形がわずか 1 ミリメートルだったとしたら，この物体自身の変形は大きな運動にほとんど影響を与えないと考えてよい。機械要素としてのばねは例外として，通常，工業力学では物体自身の弾性変形は取り扱わない。

[*3]
並進運動
物体上のすべての点が平行移動する運動。

[*4]
回転運動
物体が，固定点を中心に，ある角速度で回転する運動。これについては 8 章で取り扱う。たとえば固定点まわりの振り子の運動などは回転運動の例である。

[*5]
質点
質量はもつが，大きさはもたない，理想的な物体（実在しない）。物体の運動を簡単化するときに使う考え方。7 章以降で学ぶ。

[*6]
剛体
ひとかたまりの物体が有限の大きさをもっていると，その質量は分布する。質量が分布していると，「重心」が生まれ，重心まわりの回転運動が生じることがある。そのような場合に，質量だけでなく，大きさも考慮した「剛体」として物体を取り扱う必要がある。剛体については 5 章，重心は 6 章にて取り扱う。

[*7]
弾性
物体に力を加えたときに生じた変形が，力を除くと再びもとに戻る性質のこと。

力学問題は，運動の3法則（第1法則：慣性の法則，第2法則：ニュートンの運動法則，第3法則：作用・反作用の法則）に支配される。物体の運動は基本的に，その位置が時間によって変化するさまを，**運動方程式**[*8]を解いて得られる解で表すが，時間が表に現れないかたちでの普遍的な法則として，運動量保存の法則，エネルギー保存の法則，角運動量保存の法則なども関係する。

力の種類や運動法則については3章にて取り扱う。また，力と運動との関係については9章で，エネルギー保存の法則，運動量保存の法則などについては10章以降で取り扱う。

[*8]
運動方程式
物体に力が作用することによって，物体に加速度が生じるという，運動の第2法則を数式で表したもの。
3章および9章で取り扱う。

1-1-2 工業力学を学ぶことの必要性

前節では，力学という学問分野の概要について述べた。力学が取り扱う問題は多岐にわたり，質量をもつ物体，それに作用する力，そしてその結果として生じる運動という事象が存在すれば，力学の理論を用いてその挙動を説明することが可能である。

我々の身のまわりには，大小を問わずさまざまな用具や機械が存在する。これらの製品はそもそも，人間の生活を豊かで便利にするために考え出され，発展してきたものである。たとえば，普段何気なく使用しているはさみを例に取り上げよう（図1-4）。これは紙などをきれいに切断する道具であり，てこの原理を利用している。2枚の刃をつないでいる軸（支点）をはさんで，右側にある2つの輪の中に指を入れ，力を加える位置が**力点**である。それに対して左側の刃が交差する点は**作用点**である。左右の図を比べると，軸と作用点との距離が異なっている。さて，同じ厚紙を切るのに，どちらのほうが少ない力で切れるだろうか？

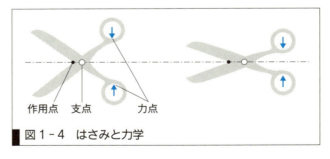

図1-4 はさみと力学

答えは「左」である。刃が当たるとき，同じかたさのものから受ける反力は同じだが，はさみの軸からの距離は左のほうが小さいので，**モーメント**[*9]も小さい。よって，力点に加える力はより小さくて済むのである。経験的に，はさみの先端近くで厚紙を切ろうとする人は少ないのではないか。はさみ一つで力学問題を考える必要もないだろうと思うかもしれないが，ちょっとしたことで，ものの使い勝手が良くも悪くもなることに気づいてほしい。

[*9]
モーメント
ある点，または軸まわりに，回転の運動を引き起こす能力を指す。力の大きさFと，回転の中心からその力が作用している点までの距離rをかけ算した大きさをもつ量である。モーメントについては5章で詳しく説明する。

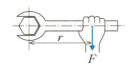

もう一つ，簡単な力学の事例を示そう。オートバイが転倒せずにコーナリングする際のバンク角 θ を求める問題である（図1-5）。一見すると難しそうだが，静的な力のつり合いで簡易に計算することができる。

タイヤが路面に接地する点には，コーナー中心方向に摩擦力 F，鉛直上方に垂直抗力 N が作用する。一方，ライダーとオートバイから成る系の重心位置を代表点として，鉛直下方に重力 mg，コーナー中心とは反対方向に遠心力 $mr\omega^2$ が働くと考える。タイヤの接地点を基準に，重心に作用するモーメントのつり合いで解く。すると，走行速度とコーナー径に見合うバンク角は数式上，$\theta = \tan^{-1}(r\omega^2/g)$ で計算できる。たとえば，コーナー半径 50 m，走行速度 20 m/s の場合だと，バンク角は約 39° となる。サーキット走行ではライダーたちが高速で，かつ非常に大きなバンク角でコーナーを抜けていく様子を見ることができるが，こうしないと，コーナー外方向に飛ばされて転倒するからである[*10]。このような，曲線に沿って運動する物体の位置や速度，加速度を数学的に表す方法は 8 章にて説明する。また，運動と力との関係については 9 章で学ぶ。

以上のように，用具や機械の操作性を力学的に考えたり，運動する物体の挙動を予測することは，ものの大小を問わず，より安全で効率的な機器の設計に不可欠なスキルといえよう。

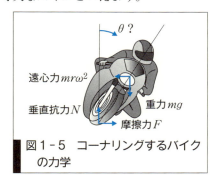

図1-5 コーナリングするバイクの力学

1-1-3 機械の発展と力学

そもそも，「機械」とは何だろうか？ 文字からその意味を読み解くと，機械の「機」とは元来「機織り道具」を指し，「械」は仕掛けやからくりを指す漢字である。現代的な機械の定義とは異なるかもしれないが，広辞苑では次のように定義されている[*11]。

「① **外力に抵抗し得る物体の結合**からなり，② **一定の相対運動**をなし，**各部の運動が決まっていて**，③ **与えられたエネルギーを有効な仕事に変える**。大別して，④ **原動機構，伝動機構，作業機構よりなる**」。

＊10 ＋α プラスアルファ
オートバイがコーナリングするときのバンク角を求める問題では，路面とタイヤとの間にスリップが発生しないことが前提となっている。タイヤがスリップせず，安定してカーブに沿った走行ができる限界を知ることは，オートバイだけでなく自動車にとっても，安全性を考える上で非常に重要なテーマである。8 章では，カーブを曲がる自動車に作用する加速度について考察する。

＊11 工学ナビ
現代的な機械には，ほぼすべてといってよいほどエレクトロニクス技術が使われており，センサーやコンピューターチップが組み込まれている。よって，現在の機械の定義では，エレクトロニクス技術にも触れているようである。
なお，「メカトロニクス」ということばを聞いたことがあるかもしれないが，メカニクス（機械工学）とエレクトロニクス（電子工学）を組み合わせて作られた和製英語である。

①は，（容易に変形しない）抵抗力のある物体が組み合わされ，単体ではない，という意味である。また，②は各部の運動が決まっていて，互いに運動し合う機構，たとえば歯車やリンクなどが存在することを指す。さらに，③は燃料や電力などのエネルギー源を得て機械を動かし，人間に代わって何らかの作業を実現するという意味と捉えられる。そして④について，自動車を例にとると，原動機構とはエンジン，伝動機構はパワートレイン（トランスミッションなど），作業機構は路面を蹴る車輪（タイヤ），ということになる。とくに，①や②でうかがい知ることができるように，機械の構成部品の運動を数学的・物理的な考察で理解しなければ，まともに動作する機械を作ることはできない。工業力学はその基礎となる学問である。

人類の長い歴史を通じて，現在のような高度・複雑な技術へと発展を続けてきた機械の歴史を，系統立てて説明するには，膨大な分量の紙面が必要となる。そのため，まずはその原点に着目し，紀元前というはるか昔に発明されながらも，現代においても機械を構成する部品の基礎と考えられる要素について，力学の観点から次項で紹介しよう。

1-1-4 工学者「ヘロン」と5つの単一機械

紀元前1世紀頃の古代ギリシャに，数学者であり工学者でもあるヘロンという人物がいた。三角形の3辺から，三角形の面積を求める公式（ヘロンの公式[*12]）を聞いたことがある人もいるだろう。

ヘロンは，さまざまな発明を残したといわれている[*13]。たとえば，神殿の自動ドア，蒸気機関の一種である汽力球（蒸気を吹き出しながらクルクル回る球），聖水販売機，などである。電力など供給されているはずもない時代に，現代にも通じるような技術を発明していたことは驚きである。

*12
ヘロンの公式
三角形 ABC の3辺の長さを a, b, c とする。
この三角形の面積 S は，
$$s = \frac{a+b+c}{2} \text{ とおくと,}$$
$$S = \sqrt{s(s-a)(s-b)(s-c)}$$
で求めることができる。

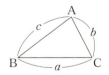

*13
Webにlink
ヘロンの発明品について紹介しているホームページがいくつかあるので，インターネットで調べてみよう。とくに，YouTubeにはヘロンの発明品を実際に作り，動画でデモンストレーションしている例がある。

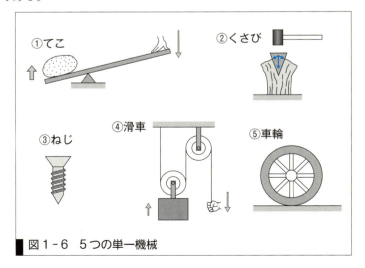

図1-6　5つの単一機械

発明のことはさておき，ヘロンは後世の機械技術にとって非常に重要な要素である「てこ」,「くさび」,「ねじ」,「滑車」,「車輪」を，「**5つの単一機械** (simple machines)」として定義したとされている (図1-6)。

5つの単一機械の役割を簡単に整理すると，以下のように説明できる。

① てこ：力の作用方向を反対向きにし，なおかつ力を拡大する。
② くさび：力の作用方向を直線から斜め方向に変えつつ，力を拡大する。
③ ねじ：回転運動を直線運動に変えるとともに，力を拡大する。
④ 滑車：定滑車の場合は力の向きを変えるだけだが，動滑車の場合にはさらに力を拡大する機能が得られる。
⑤ 車輪：ころを発展させたもので，摩擦力を低減するとともに，回転運動を直線運動に変える役割を果たす。

これらの要素に共通するのは，**力を拡大する，もしくは力の作用方向を変える**役割を果たす，ということである。これらの要素は当然ながら，現代の機械にも使われている。身のまわりの製品で，これら要素の例を探してみよう[*14]。

*14 **WebにLink**
ルネサンス期に活躍したレオナルド・ダ・ヴィンチは芸術だけでなく，医学や工学など，多くの分野ですぐれた業績を残した天才として知られる。レオナルド・ダ・ヴィンチの発明品をインターネットで調べてみるのも面白い。ヘロンと同様に，ダ・ヴィンチの発明品を現代の技術で再現した例をYouTubeで閲覧することができる。

1-1-5 現代の機械要素とそのしくみ

現代的な機械には，前項の単一機械と同じ要素が組み込まれているが，それらの発展形も含めて，非常に多くの機構部品が発明されている。それらのうち，代表的な機構部品をいくつか紹介しよう。歯車，ベルト・プーリー，軸受の3例を，機能説明とともに表1-1に示す[*15]。

*15 **WebにLink**
現代の機械に使われている機械要素は，ここに挙げたもの以外にもさまざまなものがある。機構部品メーカーのホームページなどを参照してみよう。製品の紹介だけでなく，その部品のしくみや動作原理がわかりやすく説明されているサイトもある。

表1-1 現代的な機械要素の例 (歯車，ベルト・プーリー，軸受)

機構部品	機　　能
歯車	ペアで使うことで，円周に沿って刻まれた歯がかみ合い，自分の回転と反対向きに運動を伝えることができる。また，径の小さいものから大きいものへと回転を伝える場合には，回転速度は落ちるが回転力は増幅される。大きいものから小さいものへと伝える場合は，その逆である。
ベルト・プーリー	円板状のプーリーと呼ばれる部品をペアで用意し，それらの外周にベルトを巻きつけ，摩擦力を利用して駆動側から従動側へと回転力を伝える機構。歯車と同様，回転の増減速が可能であり，歯車よりも遠くまで回転を伝えられる。
軸受	回転軸を支持し，スムーズに回転させるための要素である。ころの発展形として発明されたもので，軸受内外輪の間にころまたは球を介在させることで滑り運動を転がり運動に置き換え，摩擦を極力低減することが可能となった。エネルギー損失の低減，機械の長寿命化に貢献し，現代の機械には不可欠な要素である。

1　2　力学的問題の事例

現代的な機械の定義は，すでに説明したように，「外部からエネルギーが与えられて所定の動作を実現する」とされている。現在使用されている機械は，主として回転あるいは直進するモーターや内燃機関などを駆動源として動作するものがほとんどである。そこで，以下に力学と関連した具体的な事例を示してみる。

1-2-1　身近な機械の力学

自動車が 19 世紀後半に発明されて以来 130 年ほどである。内燃機関（エンジン）を動力源とした自動車を走らせるためには，エンジンを動作させる必要がある。エンジンには，燃焼室内に空気と燃料を供給して燃焼させるための機構が必要となる。図 1-7 に 4 サイクルエンジンの透視図，図 1-8 にカム，ロッカーアーム，バルブ，バルブスプリングから成る動弁機構の例を示す。カムが回転するとき，○印で示すカム山が高くなる部分では，カムと接触しているロッカーアームはカムとともに上向きに動作する。一方ロッカーアームの反対側のバルブと接している部分は，ロッカーアームのカム側の部分と長さが異なることから，その長さの比（レバー比）によりバルブを下向きに押し下げる動作をする。このときバルブスプリングは縮められて反発力が生じる。反対にカム山が低くなる方向では，バルブはバルブスプリングの伸び方向の力により上昇する。このように，カム，ロッカーアーム，バルブは常に接触しながら運動する。つまりカムの回転運動がロッカーアームの揺動運動[*16]となり，バルブはバルブガイドで運動方向を拘束されているため往復運動を行うこととなり，カムが一回転する間に一往復する。この運動を利用して燃料および空気を燃焼室に導き，燃焼後のガスを排出する。この運動は周期的な運動となり，カムの回転数（4 サイクルエンジンの場合，エンジンの回転数の 1/2）に比例して周期が変動する。図 1-8 では，バルブやロッカーアーム，ばねの運動は，質量とばね，さらには摩擦などの損失による減衰をともなうものとしてモデル化している。この運動は，これから学習する工業力学の知識により，十分な精度をもって予測計算できるように

[*16]
揺動運動
一定の距離を往復運動することを一般に揺動運動という。直線往復運動も含まれる。

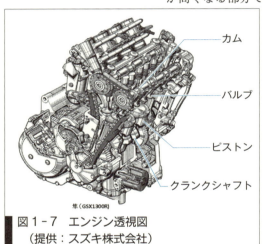

図 1-7　エンジン透視図
（提供：スズキ株式会社）

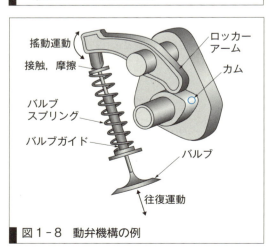

図 1-8　動弁機構の例

なる。さらにより詳細にこの運動を解析するためには，振動工学等の学習が必要になってくる。

この機構では，カムの凹凸に対して，いかにロッカーアームが追従するかが問題となる。そのため，各部品の軽量化と摩擦抵抗の低減，さらには適切なカムの形状設計などが課題となる。このように，工業力学で学ぶ内容は，運動をともなう機構の設計では欠かせないものとなる。

1-2-2 産業機械の力学

現在，私たちの身近にある機械は，それを構成する個々の部品を作る機械を用いて作られている。産業機械とは，機械を作る機械，すなわち工作機械や機械部品を取りつける装置，搬送する装置，接合する装置などの総称である。産業用ロボットも産業機械の一つに含まれる。

たとえば，工作機械は機械部品の不必要な部分を削り取って部品形状にする。このとき，不必要な部分を除去するための力が必要となる。この削り取る力により工作機械自身も部品からの力を受けて変形する。目的の形状を実現するためには，この部品から受ける力を考慮して変形しにくい工作機械を開発する必要がある。

いまでは，1/1000 mm 以下の単位で工作機械の移動テーブルや工具の位置を制御できるようになった。このことにより，さまざまな部品を製作できるようになっている。また，高速動作を実現するために，リニアモーターを駆動源と

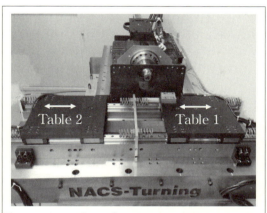

図1-9　100 m/s² を超える加速度で動作する CNC 旋盤　（提供：金沢工業大学）

して採用する工作機械もある。図1-9は，1800 N の推力のリニアモーターでテーブルを駆動し，加速度 100 m/s² 以上を達成した CNC 旋盤である[*17]。これにより，エンジンのカムを従来の 1/10 以下の時間で加工することができるようになった。ここで，図中の Table 1, Table 2 は，2つのテーブルに対称動作をさせることで，テーブルの慣性力が CNC 旋盤に伝達して加工精度が悪化することを抑制する機能をもっている。

部品搬送装置では，生産性を向上させるために，より早く，より正確に部品を搬送させることが必要となる。このとき，動作部には加速・減速による力が作用するので，この力が作用しても振動しにくい装置，早く位置決めが完了する装置の開発を行う必要がある。部品をもつ位置も，できるだけ重心に近い位置を保持できるようにするなど，技術者にとって力学的な思考は欠かせないものとなっている。

*17
既存の工作機械では，加速度 30 m/s² 程度が最高値である。

1-2-3 ロボットの力学

産業用ロボットに始まった種々のロボット開発は，機構の複雑さ，高度な制御，情報処理技術との融合などの課題があり，機械技術者にとって魅力的な分野である。なかでも，産業用ロボットはまるで人の腕のような動作ができる。産業用ロボットの先端（エンドエフェクター）で部品をもち上げるときには，部品の重力が影響して産業用ロボットは変形する。多関節型ロボットのなかには，姿勢によっては部品を搬送するときに振動が発生する場合がある。このほかにも，**遠心力**[18]に加えて**コリオリの力**[19]が作用する場合がある。このようにいろいろな力が作用することを考慮して産業用ロボットは姿勢制御が行われている。最近では作業者と協調しながら動作する産業用ロボットも現れており，安全性を確保した上で高度な制御を実現することが重要となっている。

前述の人の腕のような動作ができる産業用ロボットに対して，人間と同じように歩行できる人型歩行ロボットの開発が進んでいる。図1-10に示す人型ロボットは寝ている状態から起き上がって歩くことができる。歩行動作においては床を進行方向に押す力が必要となり，起き上がり動作においては床を下向きに押す力が必要になる。これらの動作に必要な力を発生させるために必要な**モータートルク**[20]，モーターの選定などは，開発する上で最も基本的な検討課題である。

図1-10　人型ロボット HRP-4（提供：カワダロボティクス株式会社）

*18 **遠心力**
物体が円運動をしているときに円の中心から遠ざかる方向に作用する力。

*19 **コリオリの力**
物体が円運動をしているとき，移動方向と垂直方向に，移動速度に比例した大きさで作用する力。

*20 **モータートルク**
モーターを用いて物体を回転させるために必要なトルク。モーメントと同じ意味である。

1-2-4 宇宙工学と力学

図1-11は，JAXAの宇宙科学研究所（ISAS）が打ち上げた小惑星探査機はやぶさの後継機である「はやぶさ2」[21]である。はやぶさは，7年間にわたり宇宙空間を移動し，惑星イトカワ表面の岩石標本を採集して帰還した。このとき，推進力として用いられたのがイオンエンジンであり，陽イオンの放出による反力を推進力に用いている。さらにイオンエンジンと地球の引力を利用した**スイングバイ**[22]で，

図1-11　「はやぶさ2」（提供：JAXA）

*21 はやぶさ2も基本的なところははやぶさと同じである。はやぶさの前例をもとに，より確実性を上げている。

*22 **スイングバイ**
惑星の重力を利用して軌道を変更する方法。

惑星イトカワの軌道にはやぶさを沿わせることにより，所期の目的を達成した。このような機械の開発には，基本的な物理学の知識，なかでも力学に関する知識が重要であった。

一方，宇宙空間においては，重力を無視できることから，図1-12に示す国際宇宙ステーションに取りつけてあるロボットアームは12mを超えており，数百kgの質量のカプセルを操作している。これは重力の影響を無視できる宇宙空間ならではの事例である[*23]。

*23
🛠工学ナビ

なぜ重力のある地球では12mを超えるロボットアームが難しいのか，考えてみよう。

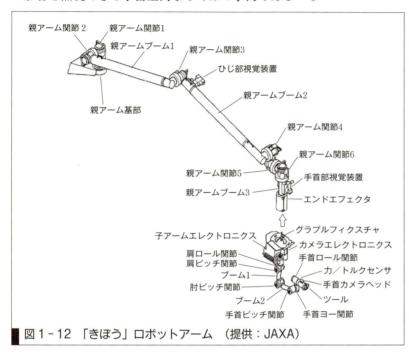

図1-12 「きぼう」ロボットアーム （提供：JAXA）

1-2-5 スポーツにおける力学

スポーツは，本来，人の運動能力を基礎として，決められた規則のなかで競われるものである。しかし，スポーツ用具の開発は目覚ましく，新素材を用いた，ラケットやスキー，義足，さらには流体抵抗を極限まで減らした水着など，さまざまなスポーツに利用されている。とくに水着は，これまでの記録が一気に塗り替えられたことから，その着用の規制まで設けられる結果となった。

また，サッカーボールの無回転シュートや野球のフォークボールなどといった，球が変化する軌道は，空気とボールとの間の力学的な条件によって決まる。この条件を分析することによって，無限種類の変化球を投げることができるピッチングマシンも開発された（図1-13）。

図1-13 ピッチングマシン Pitch18
（提供：西野製作所）

1-2-6 医工学と力学

超高齢社会の到来により，加齢や疾患にともなって身体機能が低下した人々が増加しており，医療・介護分野では重要な社会課題となっているが，ここにも力学が使われている。たとえば，患者の身体機能を改善・再生するため，あるいは介護ヘルパーの肉体的負荷を低減するために，図1-14に示すロボットスーツが開発された。このスーツは，電動モーターなどのアクチュエーターで人の動作を支援している。医療機器となったタイプでは，介護のみならず，患者が装着し治療に使われている。物流や建設作業従事者のためのタイプは，腰部にかかる負荷を低減しながら安全に継続して作業を行う現場で活用されつつある。このスーツは，脳から身体へと通じる神経系の指令信号を検出し人の動作意思に従って動作し，適切なアシスト力を発生させるための制御を行っている。

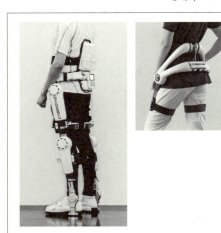

図1-14　ロボットスーツHAL
（提供：サイバーダイン）

一方，手術支援ロボットなど高度な手術器具の開発により局所的に患部を切除することが可能になり，従来は外科手術に頼らざるをえなかった症例も，図1-15に示すように，医師が患部の映像を見ながら鉗子を遠隔操作して手術を行うことが可能となった（腹腔鏡下手術）。このとき，医師は患部を画像で見ながら手術器具をワイヤーやアクチュエーターなどを利用して遠隔操作をすることが多い。さらに内視鏡の小型化により，器具を口から体内に挿入して手術を行う低侵襲手術が実現できるようになってきた。内視鏡の動作を制御するためには，高度な精密部品の製作技術と，ワイヤーにより自由度の高い運動を精密に制御できる機構が必要となる。これらの局所的な手術が普及すれば，患者の肉体的負担が大きく減り，術後の患者の治癒時間の短縮，機能を失うことなく社会生活に復帰できるようになるため，QOL（quality of life）[24]が向上するといわれている。これらの器具の性能をより良くするために，医師に触覚を伝える技術，切除に必要な力の解析，鉗子を動作させるためのアクチュエーターの開発，極小サイズの手術器具の開発など，多くの工学的アプローチが必要とされており，今後もますますこの分野の重要性は増すと思われる。

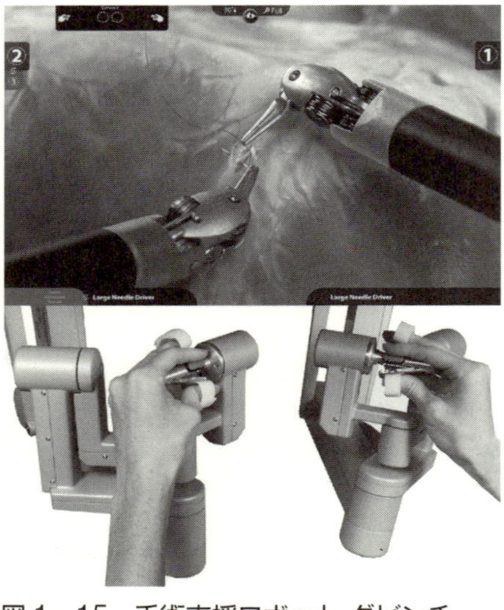

図1-15　手術支援ロボット ダビンチ
（提供：©Intuitive Surgical, Inc.）

[24] **Let's TRY!!**
QOLについて調べてみよう。

演習問題　A　基本の確認をしましょう

1-A1　身のまわりの機械や道具で，てこの原理を利用して力を大きくする機能をもったものをいくつか挙げよ。

1-A2　身近な道具や機械を観察して，その中に使われている機械要素部品の名称を挙げてみよ。また，それらは，運動を起こすにあたり，どのような役割をもっているか，考えてみよ（運動の向きを変える，力を大きくする，など）。

1-A3　歯車は，複数のものがかみ合って初めて機構としての意味をなすが，歯車の物理的な役割は何か，説明せよ。

演習問題　B　もっと使えるようになりましょう

1-B1　両端で断面積が違う棒，たとえば野球のバットのようなものがあったとする。同じ腕力をもつ2人のうち，1人が細い端を，もう1人が太い端を握って，棒をねじる力くらべをしたときに，勝つのはどちらか。また，それはなぜか，説明せよ。

1-B2　地球上では，ボールを投げ上げれば放物曲線を描き，やがて地上に落ちてくるが，もし地球上に重力がなかった場合，投げた後のボールの軌跡はどのようになるか，予想せよ。

1-B3　サーカスの曲芸師が綱渡りの演技をするとき，長い棒を水平にもって渡ることがある。それはなぜか，理由を考えよ。

あなたがここで学んだこと

この章であなたが到達したのは
- □ 工業力学を学ぶことの重要性を説明できる
- □ 機械や用具の例を挙げて，そのしくみを力学的に説明できる

　本章では，いくつかの実例をみながら，機械を設計するための基礎知識として力学の重要性を学んだ。ものの動きには，常に何らかの力が働いていることに気づいてくれただろうか。これから工業力学を学ぶ皆さんには，身のまわりにある用具や機械に対して，どのような部品で構成され，それらの運動が互いにどのように関連づけられており，力はどのように伝達されるのかなど，メカニズムについて常に考える習慣を身につけてほしい。その際，機械をいかに効率よく，確実に，かつ安全に動作させるかを考えぬいた設計者の工夫などにも着目しながら実際の製品の動きを観察すると，力学への関心もより高まるのではないだろうか。

2章 工学基礎と数学

　工学問題を解析するには，さまざまな関数や微分積分学などの数学の知識が必要となる。

　図Aは半径rの円の面積の求め方を示したものであり，上の図は円を8分割した扇形を組み合わせた状態を表している。ここで，分割数を増やして中心角を細かくしていくと，扇形はやがて三角形として近似することができる。それらを組み合わせると図Aの下のような幅πr，高さrの長方形とみなせ，面積$A=\pi r^2$が求められる。これは，「細かく分割したものを足し合わせて面積を求める」という点で立派な積分の考え方である。このような考え方は古代ギリシャの時代に生まれ，ニュートンやライプニッツによって微分積分学として体系づけられた。

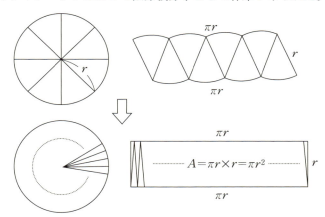

図A　半径rの円の面積

●この章で学ぶことの概要

　本章では，力学現象を取り扱う上で必須の「道具」となる数学のなかで，とくに重要と考えられる三角関数，ベクトル，微分法，ならびに積分法の基礎と応用を学ぶ。

予習 授業の前にやっておこう!!

円周角の定理[*1]，**一般角と弧度法**[*2]

関数：$y = f(x)$，従属変数 y は，独立変数 x の関数である（図 a）。

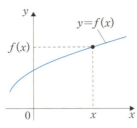

図 a

偶関数：$f(-x) = f(x)$

奇関数：$f(-x) = -f(x)$　（図 b）

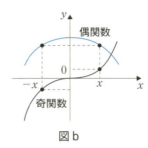

図 b

指数関数：$f(x) = a^x$ （$a > 0$, $a \neq 1$）

$$a^{\frac{p}{q}} = \sqrt[q]{a^p}, \quad a^{-p} = \frac{1}{a^p}, \quad a^0 = 1$$

対数関数：$f(x) = \log_a x$ （$a > 0$, $a \neq 0$, $x > 0$）

$\log_a a = 1$, $\log_a 1 = 0$, $\log_a(xy) = \log_a x + \log_a y$,

$\log_a \dfrac{y}{x} = \log_a y - \log_a x$, $\log_a x^n = n \log_a x$, $\log_e x = \ln x$

---

1. 次の値を求めなさい。
   (1) 7^0
   (2) $8^{\frac{2}{3}}$
   (3) $\log_2 8^{\frac{1}{4}}$
   (4) $\log_2 (\sqrt{2})^3$

2　1　三角関数

2-1-1 三角関数の定義

[*1, *2] Web で調べてみよう。

図 2-1 に示すような座標平面上で，原点 O を中心とし半径 r の円を考える。x 軸の正方向を始線とし，動径 OP がその円と交わる点を P(x, y)，OP の表す角を θ とするとき，

$$\sin\theta = \frac{y}{r}, \quad \cos\theta = \frac{x}{r}, \quad \tan\theta = \frac{y}{x} \qquad 2\text{-}1$$

とおく。これらを順に角 θ の**正弦**（sine：**サイン**），**余弦**（cosine：**コサイン**），**正接**（tangent：**タンジェント**）といい，まとめて角 θ の**三角関**

数 (trigonometric function) または**三角比** (trigonometric ratio) と呼ぶ。式 2-1 を変形すると次のようになり，r を互いに直交する 2 つの成分 x と y に分解することができる。これは，4 章で学ぶ力の分解などに用いられる。

$$x = r\cos\theta, \quad y = r\sin\theta, \quad y = x\tan\theta \qquad 2\text{-}2$$

また，図 2-2 に示すように，$y = f(\theta) = \sin\theta$ は奇関数，$y = f(\theta) = \cos\theta$ は偶関数だから，次のようになる。

$$\sin(-\theta) = -\sin\theta, \quad \cos(-\theta) = \cos\theta \qquad 2\text{-}3$$

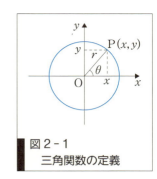

図 2-1
三角関数の定義

2-1-2 三角関数の公式

章末 (p.36) の表 2-1 に，三角関数の相互関係，加法定理，2 倍角の公式，および正弦・余弦定理を示す。

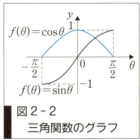

図 2-2
三角関数のグラフ

例題 2-1 $\tan\theta = b/a$ (θ は第 1 象限の角) であるとき，$\sin\theta$ と $\cos\theta$ を求めよ。

解答 表 2-1 の式 (1), (2) (三角関数の関係) により，次のようになる。

$$\cos^2\theta = \frac{1}{\tan^2\theta + 1} = \frac{1}{\left(\dfrac{b}{a}\right)^2 + 1} = \frac{a^2}{a^2 + b^2} \quad \therefore \cos\theta = \frac{a}{\sqrt{a^2 + b^2}}$$

$$\sin\theta = \cos\theta\tan\theta = \frac{a}{\sqrt{a^2 + b^2}} \cdot \frac{b}{a} = \frac{b}{\sqrt{a^2 + b^2}}$$

上のように数式を展開して求めるほかに，図 2-3 のように直角三角形を図示して考えると，三平方の定理を利用して，次のように容易に求めることができる。

$$\cos\theta = \frac{a}{\sqrt{a^2 + b^2}}, \quad \sin\theta = \frac{b}{\sqrt{a^2 + b^2}}$$

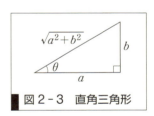

図 2-3　直角三角形

例題 2-2 図 2-4 のような半径 1 の円を考えて，加法定理[*3] を証明せよ。

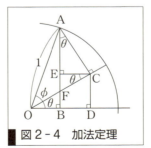

図 2-4　加法定理

*3
表 2-1　式 (3), (4)

解答 図 2-4 において，OA = 1 であるから，OC = $\cos\phi$, AC = $\sin\phi$ となる。

まず，$\sin(\theta + \phi)$ = BA だから，順に考えていくと次のようになる。

$$\sin(\theta + \phi) = \text{BA} = \text{BE} + \text{EA} = \text{DC} + \text{EA} = \text{OC}\sin\theta + \text{AC}\cos\theta$$

$$\sin(\theta+\phi) = \sin\theta\cos\phi + \cos\theta\sin\phi$$

次に，$\cos(\theta+\phi) = \mathrm{OB}$ だから，順に考えていくと次のようになる。

$$\cos(\theta+\phi) = \mathrm{OB} = \mathrm{OD} - \mathrm{BD} = \mathrm{OD} - \mathrm{EC} = \mathrm{OC}\cos\theta - \mathrm{AC}\sin\theta$$
$$\cos(\theta+\phi) = \cos\theta\cos\phi - \sin\theta\sin\phi$$

また，式 2-3 より，$\sin(-\phi) = -\sin\phi$，$\cos(-\phi) = \cos\phi$ だから，

$$\sin(\theta-\phi) = \sin\theta\cos\phi - \cos\theta\sin\phi$$
$$\cos(\theta-\phi) = \cos\theta\cos\phi + \sin\theta\sin\phi$$

が得られる。以上は θ, ϕ, $\theta+\phi$ が第1象限の角であるとしているが，一般角[*4]であっても同様に成り立つ。

*4
＋α プラスアルファ
一般角は $0 \leqq \theta \leqq 2\pi$ である。

例題 2-3 加法定理を用いて，次の三角関数の値を求めよ。
(1) $\sin(\pi-\theta)$ (2) $\cos(\pi-\theta)$

解答 (1) $\sin(\pi-\theta) = \sin\pi\cos\theta - \cos\pi\sin\theta$
$= 0\cdot\cos\theta - (-1)\cdot\sin\theta = \sin\theta$
(2) $\cos(\pi-\theta) = \cos\pi\cos\theta + \sin\pi\sin\theta$
$= -1\cdot\cos\theta + 0\cdot\sin\theta = -\cos\theta$

図 2-5 に示すような半径 R の円に内接する三角形を考えると，正弦定理[*5] と余弦定理[*6] を容易に導くことができる[*7]。

式の意味がわかるように，ここでは円に内接する三角形を考えたが，両定理はすべての三角形について成立する。たとえば，2 辺の長さと 3 辺の対頂角が与えられると，正弦定理から残りの 1 辺の長さ

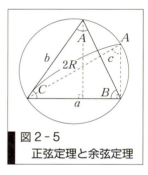

図 2-5 正弦定理と余弦定理

が求められ，2 辺の長さと残りの 1 辺の対頂角が与えられると，余弦定理から残りの 1 辺の長さが求められる。これは，4 章で学ぶ力のつり合いなどに用いられる。

*5
表 2-1 式 (8)

*6
表 2-1 式 (9)

*7
Let's TRY!!
正弦定理は円周角の定理から容易に証明できる。余弦定理の第1式は図 2-5 のとおりであり，第2式は第1式の左辺を 2 乗の形にして整理すれば導くことができる。証明してみよう。

例題 2-4 図 2-6 のような三角形を考えて，辺 b に関する余弦定理を導け。

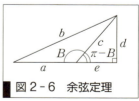

図 2-6 余弦定理

解答 三平方の定理と各辺の長さから，次のようになる。
$b^2 = (a+e)^2 + d^2$, $a+e = a + c\cos(\pi-B) = a - c\cos B$,
$d = c\sin(\pi-B) = c\sin B$
$b^2 = (a - c\cos B)^2 + (c\sin B)^2$
$= a^2 - 2ca\cos B + c^2\cos^2 B + c^2\sin^2 B$
$= c^2(\sin^2 B + \cos^2 B) + a^2 - 2ca\cos B = c^2 + a^2 - 2ca\cos B$

2・2 ベクトル

2-2-1 ベクトルとスカラー

力，変位，速度，加速度などのように，大きさ，向きをもつ量をベクトル（vector）といい，質量，時間，面積，仕事，エネルギーなどのように大きさのみをもつ量をスカラー（scalar）という。ここでは平面上のベクトルについて説明をするが，三次元の場合も同様に考えればよい。ベクトルを表すときには太字の a，あるいは $\vec{a}$ を用いるが，本書では太字の a で説明していく。また，ベクトルの大きさのみを示す場合は $|a|$ を用いる。図2-7のように，ベクトル a と b の大きさ，方向，向きのすべてが等しいとき，両ベクトルは等しいといい $b = a$ で表す。向きのみが反対のときは逆ベクトルといい $b = -a$ で表す。

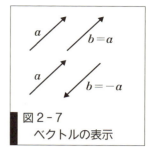

図2-7
ベクトルの表示

2-2-2 ベクトルの演算

1. 加減算 ベクトル a とベクトル b の和は，図2-8(a)のように考えて $a + b = c$ と表す。ベクトル a とベクトル b の差は，図2-8(b)のように考えて $a - b = a + (-b) = d$ と表す。すなわち，ベクトル a と b の逆ベクトルとの和になる。以上をまとめてベクトルの合成という。**合成ベクトル**（resultant vector）は2つのベクトルを2辺とする平行四辺形の対角線となる。これは，4章で学ぶ力の合成に用いられる。

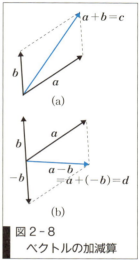

図2-8
ベクトルの加減算

2. 内積 図2-9のように，2つのベクトル a，b のなす角を θ とするとき，それぞれの同一方向成分の積である**内積**（scalar product）は，$a \cdot b$ と表し，次の式で定義されたスカラーとなる。

$$a \cdot b = |a||b|\cos\theta \qquad 2\text{-}4$$

これは，10章で学ぶ仕事の計算に用いられる。

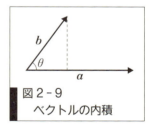

図2-9
ベクトルの内積

3. 外積 図2-10のように，2つのベクトル a，b のなす角を θ とするとき，それぞれの直交する成分の積である**外積**（vector product）は $a \times b$ で表し，次のように定義されたベクトルとなる。

(1) $a \times b$ の大きさは，a，b を2辺とする平行四辺形の面積に等しい。すなわち，次のようになる。

$$|a \times b| = |a||b|\sin\theta \qquad 2\text{-}5$$

(2) $a \times b$ の向きはこの平行四辺形の面に垂直で，a から b へ回転する右ねじ[*8]の進む向き（反時計まわり）と同じである。これは，5章で学ぶ力のモーメントの計算に用いられる。

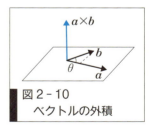

図2-10
ベクトルの外積

[*8]
Webで調べてみよう。

2-3 微分法

2-3-1 導関数

1. 一次導関数　図2-11において，関数$y=f(x)$のxの増分をΔxとすれば，yの増分は$\Delta y=f(x+\Delta x)-f(x)$で与えられる。このとき，$\Delta y/\Delta x$を**平均変化率**（average rate of change）と呼ぶ。さらに，平均変化率の分母のΔxを限りなくゼロに近づけたときの極限値

$$\frac{dy}{dx}=\frac{df(x)}{dx}=\lim_{\Delta x\to 0}\frac{\Delta y}{\Delta x}=\lim_{\Delta x\to 0}\frac{f(x+\Delta x)-f(x)}{\Delta x} \qquad 2-6$$

を，xにおけるyの**一次導関数**（first-derivative）（変化率，微分係数）[*9]といい，式2-6の右辺の計算を総称して**微分法**（differentiation）と呼ぶ。たとえば，xが時間，yが時間とともに変化する現象を表しているとした場合，yの導関数は，ある時刻xにおけるyの時間変化率を表すことになる。これは，7章で学ぶ速度や加速度の計算などに用いられる。

[*9] **Don't Forget!!**
一次導関数は，点xにおける接線の傾きとなる。

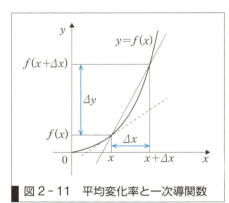

図2-11　平均変化率と一次導関数

例題 2-5　式2-6の定義に従って，関数$f(x)=x^2$の導関数を求めよ。

解答　右辺の分子が，Δxの積の形になるように式を変形していく。

$$\frac{df(x)}{dx}=\lim_{\Delta x\to 0}\frac{(x+\Delta x)^2-x^2}{\Delta x}=\lim_{\Delta x\to 0}\frac{\{(x+\Delta x)+x\}\{(x+\Delta x)-x\}}{\Delta x}$$

$$=\lim_{\Delta x\to 0}\frac{\{(x+\Delta x)+x\}\Delta x}{\Delta x}=\lim_{\Delta x\to 0}\{(x+\Delta x)+x\}=2x$$

2. 二次導関数　$y=f(x)$の一次導関数$df(x)/dx$をさらにxで微分した関数を$f(x)$の**二次導関数**（second-derivative）といい，次のように表す[*10]。

$$\frac{d}{dx}\left(\frac{df(x)}{dx}\right)=\frac{d^2f(x)}{dx^2} \qquad 2-7$$

[*10] **+α プラスアルファ**
とくに時間微分を扱うとき，簡略的に次のような表記を用いることもある。

$$\frac{dy}{dt}=\dot{y}$$
$$\frac{d^2y}{dt^2}=\ddot{y}$$

2-3-2 微分法

章末(p.37)の表2-2に，微分法の公式と主な関数の一次導関数を示す。

例題 2-6 次の関数の一次導関数を求めよ。

(1) $f(x) = (1+x^2)(2-3x^2)$ (2) $f(x) = \dfrac{x^2}{1+2x}$

(3) $f(x) = (1-2x^2)^3$ (4) $f(x) = \sin x \cos x$

(5) $f(x) = e^x \cos x$ (6) $f(x) = \log_e(2x+1)^2$

解答 *11

(1) $\dfrac{d}{dx}\{(1+x^2)(2-3x^2)\} = 2x(2-3x^2) + (1+x^2)(-6x) = -12x^3 - 2x$

(2) $\dfrac{d}{dx}\left(\dfrac{x^2}{1+2x}\right) = \dfrac{2x(1+2x) - x^2 \cdot 2}{(1+2x)^2} = \dfrac{2x^2 + 2x}{(1+2x)^2}$

(3) $\dfrac{d}{dx}\{(1-2x^2)^3\} = 3(1-2x^2)^2(-4x) = -12x(1-2x^2)^2$

(4) $\dfrac{d}{dx}(\sin x \cos x) = \cos x \cos x + \sin x(-\sin x) = \cos^2 x - \sin^2 x = \cos 2x$

(5) $\dfrac{d}{dx}(e^x \cos x) = e^x \cos x + e^x(-\sin x) = e^x(\cos x - \sin x)$

(6) $\dfrac{d}{dx}\{\log_e(2x+1)^2\} = 2\dfrac{d}{dx}\{\log_e(2x+1)\} = 2 \cdot \dfrac{1}{2x+1} \cdot 2 = \dfrac{4}{2x+1}$

*11 **ヒント**
(1) 表2-2の式(3)を用いる。
(2) 表2-2の式(4)を用いる。
(3) $t = 1-2x^2$とおいて，表2-2の式(5)を用いる。
(4) 表2-2の式(3)を用いる。
(5) 同上。
(6) $t = 2x+1$とおいて，表2-2の式(5)を用いる。

2-3-3 微分法の応用

1. 一次の近似式 式2-6において極限を取り払うと次のように考えることができる。

$$\dfrac{df(x)}{dx} \fallingdotseq \dfrac{f(x+\Delta x) - f(x)}{\Delta x}$$

これを変形すると次のようになる。

$$f(x+\Delta x) - f(x) \fallingdotseq \dfrac{df(x)}{dx}\Delta x, \quad f(x+\Delta x) \fallingdotseq f(x) + \dfrac{df(x)}{dx}\Delta x$$

2-8

上式を**一次の近似式**(first-approximation)と呼び，工学ではさまざまな分野でよく用いられる*12。また，**テイラーの定理**(Taylor's theorem)*13や**マクローリンの定理**(Maclaurin's theorem)*14によれば，より精度の高い$f(x+\Delta x)$の近似値や，さまざまな関数の展開式が与えられる。

*12 **Don't Forget!!**
材料力学や流体力学において，現象を支配する方程式を導く際には必ず使用するので覚えておくこと。

*13, *14
WebにLink

例題 2-7 一辺の長さが 40 cm の立方体の金属がある。温度上昇によって一辺が 40.2 cm になったとき、体積増加量の近似値を求めよ。

解答 一辺の長さを x とすると、体積は $f(x) = x^3$ で表すことができる。式 2-8 より、体積の微分値に一辺の増分をかけたものが体積増加量の近似値になるから、$df(x)/dx = 3x^2$ で $x = 40$, $\Delta x = 0.2$ とすると、次のようになる。

$$f(40.2) - f(40) \fallingdotseq \frac{df(40)}{dx} \Delta x = 3 \times 40^2 \times 0.2 = 960 \text{ cm}^3$$

実際の増加量は 964.808 cm^3 だから相対誤差は 0.5 % であり、一次の近似でありながら比較的良い結果が得られている。

2. 極値 図 2-12 に示すような、関数 $f(x)$ の極大値と極小値の判定法は次のとおりである[*15]。

$\dfrac{df(a)}{dx} = 0$, $\dfrac{d^2 f(a)}{dx^2} < 0$ のとき、$f(x)$ は $x = a$ で**極大値**（maximum value）となり、

$\dfrac{df(b)}{dx} = 0$, $\dfrac{d^2 f(b)}{dx^2} > 0$ のとき、$f(x)$ は $x = b$ で**極小値**（minimum value）となる。

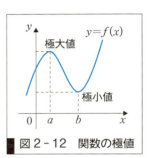
図 2-12 関数の極値

*15
Don't Forget!!
ある変数 x の関数 $f(x)$ として与えられるさまざまな物理量に対して、その最大値や最小値を求める際にはよく使用するので覚えておくこと。

例題 2-8 半径 R の円に内接する直円すいのうち、体積が最大となるものを求めよ。

解答 図 2-13 のように考える。直円すいの高さを x とすると、体積 $f(x)$ は次のように与えられる。

$$f(x) = \frac{1}{3} \pi \{R^2 - (x - R)^2\} x$$

したがって、

$$\frac{df(x)}{dx} = \frac{1}{3} \pi (-3x + 4R) x = 0 \text{ より、}$$

$x = 0, \ \dfrac{4}{3} R$ となる。

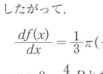
図 2-13 半径 R の円に内接する直円すい

ここで、0 は不適であり $x = 4R/3$ となる。念のため確認すると、次のようになる。

$$\frac{d^2 f(x)}{dx^2} = \frac{2}{3} \pi (-3x + 2R), \quad \frac{d^2 f\left(\frac{4}{3} R\right)}{dx^2} = -\frac{4}{3} \pi R < 0 \quad \cdots 極大$$

$$f\left(\frac{4}{3} R\right) = \frac{32}{81} \pi R^3$$

よって、$x = 4R/3$ のとき、体積 $32\pi R^3/81$ が最大となる。

2・4 積分法

2-4-1 不定積分と定積分

1. 不定積分 関数 $F(x)$ の導関数が $f(x)$ であるとき，$f(x)$ を与えて元の $F(x)$ を求めることを積分するといい，次のように表す。

$$F(x) = \int f(x)dx + C \qquad 2-9$$

ここで C は積分定数で，$F(x)$ を $f(x)$ の**不定積分** (indefinite integral) という。

2. 定積分 関数 $f(x)$ の不定積分を $F(x)$ として，次のように定義する。

$$\int_a^b f(x)dx = F(b) - F(a) \qquad 2-10$$

これを，$f(x)$ の a から b までの**定積分** (definite integral) という。

たとえば，図 2-14 を用いて定積分の意味を考えてみる。図中，dA は微小幅 dx，高さ $f(x)$ の長方形の微小部分の面積を表し，定積分はこれを $x = a$ から b の範囲まで累積したものとなる。この場合は曲線 $f(x)$ と x 軸，および 2 直線 $x = a$, $x = b$ とで囲まれた部分の全面積 A に相当する。任意形状の物体の輪郭などが関数 $f(x)$ として表すことができる場合，その形状に応じて適切な微小部分[*16]の面積や体積を考え，それを定積分することで全面積や全体積を求めることができる。

これら，不定積分と定積分をまとめて**積分法** (integration) という。これは，6 章で学ぶ重心の計算や 9 章で学ぶ運動方程式の解法，ならびに 13 章で学ぶ慣性モーメントの計算などに用いられる。

3. 積分法の公式 章末 (p.37) の表 2-3 に，積分法の重要な公式と主な関数の不定積分を示す。なお，不定積分においては積分定数 C を省略した。

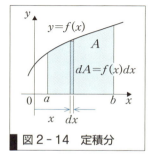

図 2-14 定積分

[*16]
面積の場合，多くは長方形を考えるが，三角形とする場合もある。また，回転体の体積の場合は円板とする。

例題 2-9 次の関数の不定積分を求めよ[*17]。ただし，積分定数 C は省略する。

(1) $f(x) = (2x+1)^3$　　(2) $f(x) = \dfrac{1}{\sqrt{3x-4}}$

(3) $f(x) = x\sin x$　　(4) $f(x) = \log_e x$

解答[*18]

(1) $2x + 1 = t$ とおき，両辺の微分をとれば，$2dx = dt$，$dx = (1/2)dt$ であるから，次のように求められる。

$$\int (2x+1)^3 dx = \int t^3 \frac{1}{2}dt = \frac{1}{2}\cdot\frac{1}{4}t^4 = \frac{1}{8}(2x+1)^4$$

[*17]
定積分の計算については，次項で具体例とともに示す。

[*18]
ヒント
(1), (2)
表 2-3 の式 (4) を用いる。
(3), (4)
表 2-3 の式 (3) を用いる。

(2) $3x - 4 = t$ とおき，両辺の微分をとれば，$3dx = dt$，$dx = (1/3)dt$ であるから，次のように求められる。

$$\int \frac{dx}{\sqrt{3x-4}} = \int \frac{1}{\sqrt{t}} \frac{1}{3} dt = \frac{1}{3} \cdot 2\sqrt{t} = \frac{2}{3}\sqrt{3x-4}$$

(3) $g(x) = x$，$dh(x)/dx = \sin x$ とおくと，$dg(x)/dx = 1$，$h(x) = -\cos x$ だから，次のように求められる。

$$\int x \sin x dx = -x \cos x - \int 1 \cdot (-\cos x) dx = -x\cos x + \sin x$$

(4) $g(x) = \log_e x$，$dh(x)/dx = 1$ とおくと，$dg(x)/dx = 1/x$，$h(x) = x$ だから，次のように求められる。

$$\int \log_e x dx = \int \log_e x \cdot 1 dx = \log_e x \cdot x - \int \frac{1}{x} x dx = x \log_e x - x$$

2-4-2 面積

図 2-15 に示すような三角形の面積を定積分により求める。図中，(a) の三角形と (b) の三角形の面積は同じであるから，(b) の場合を考えてみる。微小部分は長方形で面積 $dA = f(x)dx = (h/a)dx$ であるから，全面積 A は x 方向に定積分して次のように求められる。

$$A = \int_0^a dA = \int_0^a \frac{h}{a} x dx = \frac{h}{a} \left[\frac{1}{2} x^2 \right]_0^a = \frac{1}{2} ah \qquad 2\text{-}11$$

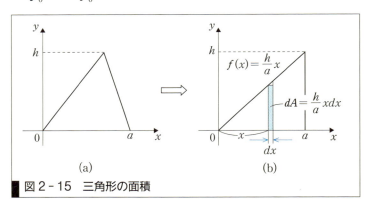

図 2-15 三角形の面積

例題 2-10 図 2-16 のように，三角形の面積を y 方向に積分して求めよ。

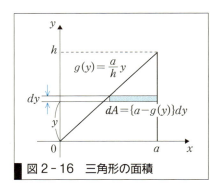

図 2-16 三角形の面積

解答 図2-15で求めた場合と同様に微小部分は長方形で，面積 $dA = \{a-g(y)\}dy = \{a-(a/h)y\}dy$ であるから，全面積 A は次のように求められる。

$$A = \int_0^h dA = \int_0^h \left(a - \frac{a}{h}y\right)dy = a\left[y - \frac{1}{2h}y^2\right]_0^h = \frac{1}{2}ah$$

図2-17のような円の面積を求めてみる。微小部分はこの場合も長方形で，面積 $dA = f(x)dx = 2\sqrt{a^2-x^2}\,dx$ であるから，全面積 A は x 方向に定積分して次のように求められる。

$$A = \int dA = \int_{-a}^a 2\sqrt{a^2-x^2}\,dx = 4\int_0^a \sqrt{a^2-x^2}\,dx$$

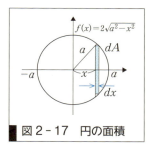

図2-17 円の面積

ここで，置換積分を行う。$x = a\sin\theta$ とおくと $dx = a\cos\theta d\theta$ であり，さらに $x=0$ において $\theta=0$，$x=a$ において $\theta=\pi/2$ だから，次のようになる[*19]。

*19
表2-1の式(7)（2倍角の公式）を用いる。

$$A = 4\int_0^{\frac{\pi}{2}} \sqrt{a^2 - a^2\sin^2\theta}\,a\cos\theta d\theta$$
$$= 4a^2\int_0^{\frac{\pi}{2}} \cos^2\theta d\theta = 4a^2\left[\frac{1}{2}\theta + \frac{1}{4}\sin 2\theta\right]_0^{\frac{\pi}{2}} = \pi a^2$$

さらに，図2-18のような微小部分を考えても全面積を求めることができ，定積分の計算も簡単になる。(a)のように考えると，

$$dA = \frac{1}{2}a^2 d\theta, \quad A = \int_0^{2\pi} dA = \int_0^{2\pi} \frac{1}{2}a^2 d\theta = \frac{1}{2}a^2[\theta]_0^{2\pi} = \pi a^2$$

となり，これは章とびらに示した考えを定積分で表したものになる。あるいは，(b)のように考えると，次のように得られる。

$$dA = 2\pi r dr, \quad A = \int_0^a dA = \int_0^a 2\pi r dr = 2\pi\left[\frac{1}{2}r^2\right]_0^a = \pi a^2$$

このように，各形状の特徴を捉えた微小部分の考え方が重要となる。

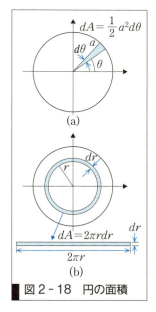

図2-18 円の面積

2-4-3 回転体の体積

機械部品は回転体のものが多い。そこで，図2-19のように考えて体積を求める。すなわち，輪郭を表す $f(x)$ を半径 r とする幅 dx の微小円板の体積 $dV = \pi\{f(x)\}^2 dx$ を，x 方向に定積分して全体積 V を求めることになる。

$$V = \int_a^b dV = \int_a^b \pi\{f(x)\}^2 dx \qquad 2-12$$

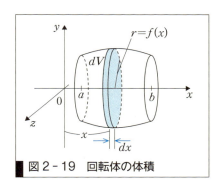

図2-19 回転体の体積

例題 2-11 図2-20に示すような直円すいの体積を求めよ。

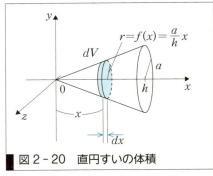

図2-20 直円すいの体積

解答 $dV = \pi\{f(x)\}^2 dx = \pi(a/h)^2 x^2 dx$ だから，式2-12より次のように求められる。

$$V = \int_0^h dV = \int_0^h \pi \frac{a^2}{h^2} x^2 dx = \frac{\pi a^2}{h^2}\left[\frac{1}{3}x^3\right]_0^h = \frac{1}{3}\pi a^2 h$$

表2-1 三角関数の公式

［相互関係］

$$\tan\theta = \frac{\sin\theta}{\cos\theta}, \quad \cot\theta = \frac{1}{\tan\theta} = \frac{\cos\theta}{\sin\theta} \quad (1)$$

$$\sin^2\theta + \cos^2\theta = 1, \quad \tan^2\theta + 1 = \frac{1}{\cos^2\theta} \quad (2)^{*20}$$

［加法定理］

$$\sin(\theta \pm \phi) = \sin\theta\cos\phi \pm \cos\theta\sin\phi \quad (3)$$
$$\cos(\theta \pm \phi) = \cos\theta\cos\phi \mp \sin\theta\sin\phi \quad (4)^{*21}$$

［2倍角の公式］

$$\sin 2\theta = 2\sin\theta\cos\theta \quad (5)$$
$$\cos 2\theta = \cos^2\theta - \sin^2\theta = 2\cos^2\theta - 1 = 1 - 2\sin^2\theta \quad (6)$$
$$\sin^2\theta = \frac{1-\cos 2\theta}{2}, \quad \cos^2\theta = \frac{1+\cos 2\theta}{2} \quad (7)^{*22}$$

［正弦定理］

$$\frac{a}{\sin A} = \frac{b}{\sin B} = \frac{c}{\sin C} = 2R \quad (8)$$

［余弦定理］

$$\begin{cases} a = b\cos C + c\cos B, & a^2 = b^2 + c^2 - 2bc\cos A \\ b = c\cos A + a\cos C, & b^2 = c^2 + a^2 - 2ca\cos B \\ c = a\cos B + b\cos A, & c^2 = a^2 + b^2 - 2ab\cos C \end{cases} \quad (9)$$

---

*20 **+α プラスアルファ**
式(2)の第1式を変形すると次のようになる。
$$\sin\theta = \pm\sqrt{1-\cos^2\theta}$$
$$\cos\theta = \pm\sqrt{1-\sin^2\theta}$$
この関係式はよく使うので，覚えておこう。

*21 **+α プラスアルファ**
式(3)，(4)より $\tan(\theta \pm \phi)$ は以下のようになる。
$$\tan(\theta \pm \phi) = \frac{\tan\theta \pm \tan\phi}{1 \mp \tan\theta\tan\phi}$$

*22 **+α プラスアルファ**
式(7)で $\theta = \theta/2$ とおくと，次のような**半角の公式**が得られる。
$$\sin^2\frac{\theta}{2} = \frac{1-\cos\theta}{2},$$
$$\cos^2\frac{\theta}{2} = \frac{1+\cos\theta}{2}$$

表2-2　微分法の公式と主な関数の一次導関数

$$\frac{d}{dx}\{af(x)\} = a\frac{df(x)}{dx} \quad (a：定数) \quad (1)$$

$$\frac{d}{dx}\{f(x) \pm g(x)\} = \frac{df(x)}{dx} \pm \frac{dg(x)}{dx} \quad (2)$$

$$\frac{d}{dx}\{f(x)g(x)\} = \frac{df(x)}{dx}g(x) + f(x)\frac{dg(x)}{dx} \quad (3)$$

$$\frac{d}{dx}\left\{\frac{f(x)}{g(x)}\right\} = \left[\frac{df(x)}{dx}g(x) - f(x)\frac{dg(x)}{dx}\right]\frac{1}{\{g(x)\}^2} \quad (4)$$

$y = f(t)$, $t = g(x)$ のとき，合成関数 $y = f\{g(x)\}$ の導関数[*23] は，

$$\frac{dy}{dx} = \frac{dy}{dt} \cdot \frac{dt}{dx} = \frac{df(t)}{dt}\frac{dg(x)}{dx} \quad (5)$$

$$\frac{d}{dx}(x^n) = nx^{n-1} \quad (6) \qquad \frac{d}{dx}(\sin x) = \cos x \quad (7) \qquad \frac{d}{dx}(\cos x) = -\sin x \quad (8)$$

$$\frac{d}{dx}(\tan x) = \frac{1}{\cos^2 x} \quad (9) \qquad \frac{d}{dx}(e^x) = e^x \quad (10) \qquad \frac{d}{dx}(\log_e x) = \frac{1}{x} \quad (11)$$

＊23
＋α プラスアルファ
Don't Forget!!
合成関数の導関数はよく用いられるので，覚えておくこと。

表2-3　積分法の公式と主な関数の不定積分

$$\int af(x)dx = a\int f(x)dx \quad (a：定数) \quad (1)$$

$$\int \{f(x) \pm g(x)\}dx = \int f(x)dx \pm \int g(x)dx \quad (2)$$

$$\int f(x)dx = \int g(x)\frac{dh(x)}{dx}dx = g(x)h(x) - \int \frac{dg(x)}{dx}h(x)dx \quad (3) \text{[*24]}$$

$x = g(t)$ のとき，$\frac{dx}{dt} = \frac{dg(t)}{dt}$ より $dx = \frac{dg(t)}{dt}dt$ だから，

$$\int f(x)dx = \int f\{g(t)\}\frac{dg(t)}{dt}dt \quad (4) \text{[*25]}$$

$$\int \frac{1}{f(x)}\frac{df(x)}{dx}dx = \log_e f(x) = \ln f(x) \quad (5)$$

$$\int_{-a}^{a} f(x)dx = 0 \quad (f(-x) = -f(x)：奇関数) \quad (6)$$

$$\int_{-a}^{a} f(x)dx = 2\int_{0}^{a} f(x)dx \quad (f(-x) = f(x)：偶関数) \quad (7)$$

$$\int_{a}^{b} f(x)dx = \int_{a}^{b} g(x)\frac{dh(x)}{dx}dx = [g(x)h(x)]_{a}^{b} - \int_{a}^{b}\frac{dg(x)}{dx}h(x)dx \quad (8)$$

$x = g(t)$ のとき，$x = a$ において $t = \alpha$，$x = b$ において $t = \beta$ となるとき，

$$\int_{a}^{b} f(x)dx = \int_{\alpha}^{\beta} f\{g(t)\}\frac{dg(t)}{dt}dt \quad (9)$$

$$\int x^n dx = \frac{1}{n+1}x^{n+1} \quad (n \neq -1) \quad (10)$$

$$\int \frac{1}{x}dx = \log_e x = \ln x \quad (11)$$

$$\int \sin x dx = -\cos x \quad (12) \qquad \int \cos x dx = \sin x \quad (13) \qquad \int e^x dx = e^x \quad (14)$$

＊24
部分積分法と呼ぶ。

＊25
置換積分法と呼ぶ。

演習問題　A　基本の確認をしましょう

2-A1　$\sin\theta = 2/3$ のとき，$\cos\theta$ と $\tan\theta$ の値を求めよ。ただし θ は第2象限の角とする。

2-A2　次の三角関数の式を，$\sin\theta$ を用いて示せ。

$$\frac{\sin\theta}{1+\cos\theta} + \frac{1+\cos\theta}{\sin\theta}$$

2-A3　図アの三角形を用いて，次の加法定理を証明せよ[26]。ただし，$\angle \text{BAD} = \theta$, $\angle \text{CAD} = \phi$, $\overline{\text{AB}} = a$, $\overline{\text{AC}} = b$, $\overline{\text{AD}} = c$ とする。

$$\sin(\theta + \phi) = \sin\theta\cos\phi + \cos\theta\sin\phi$$

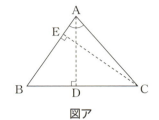

図ア

*26 ヒント
$\triangle \text{ABC} = \triangle \text{ABD} + \triangle \text{ACD}$

2-A4　図イの三角形を用いて，次の余弦定理を証明せよ。

$$c^2 = a^2 + b^2 - 2ab\cos C$$

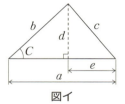

図イ

2-A5　ベクトルとスカラーの違いについて，力学における物理量を例示して説明せよ。

2-A6　式2-6の定義に従って，次の関数の導関数を求めよ。
$f(x) = \sqrt{x}$

2-A7　次の関数の導関数を求めよ。

(1) $f(x) = (2x-3)(4x^2+5)$　　(2) $f(x) = \dfrac{x^2}{x-1}$

(3) $f(x) = \dfrac{1}{(2x+1)^3}$　　(4) $f(x) = \dfrac{1}{\tan x}$

(5) $f(x) = \log_e |\cos x|$

2-A8　直径 6 cm の金属球を温めたところ，膨張して直径が 6.02 cm になった。このとき，金属球の体積と表面積の増加量の近似値を求めよ[27]。

*27 ヒント
球の半径を x として，体積と表面積を x の関数とする。

2-A9 次の関数の不定積分を求めよ。積分定数 C は省略してよい。
(1) $f(x) = x\sqrt{x^2+1}$ (2) $f(x) = \sin^2 x \cos x$ (3) $f(x) = x \log_e x$

2-A10 図ウのような台形の面積を求めよ[*28]。

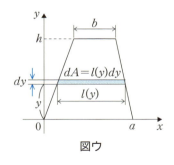

図ウ

[*28] ヒント
$l(y) = C_1 y + C_2$
(C_1, C_2：定数)
条件，$l(0) = a$, $l(h) = b$
から，C_1, C_2 を決定する。

2-A11 図エのような直円すいの体積を求めよ。

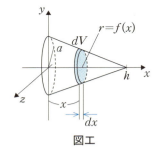

図エ

演習問題 B　もっと使えるようになりましょう

2-B1 一辺が 12 cm の正方形の厚紙の四隅から，同じ正方形を切り取ってふたのない箱を作った。箱の容積を最大にするには，切り取る正方形の一辺を何 cm にすればよいか。また，そのときの容積は何 cm³ になるか[*29]。

[*29] ヒント
切り取る正方形の一辺を x とする。

2-B2 図オのような楕円の面積を，x 方向に積分して求めよ[*30]。

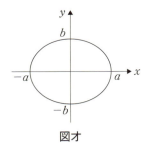

図オ

[*30] ヒント
図オのような楕円の式は，次式となる。
$$\frac{x^2}{a^2} + \frac{y^2}{b^2} = 1$$

2-B3 図カのような半球の体積を，x 方向に積分して求めよ。

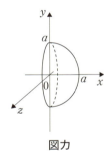

図カ

あなたがここで学んだこと

この章であなたが到達したのは
- □三角関数の意味を理解し，三角関数を使いこなすことができる
- □ベクトルの意味を理解し，ベクトルの演算が説明できる
- □微分法を理解し，いろいろな関数の微分ができる
- □積分法を理解し，いろいろな関数の不定積分ができる
- □定積分を用いて，面積や回転体の体積が計算できる

　本章では，工学問題を取り扱う上で必須の「道具」となる数学のなかで，とくに重要と考えられる三角関数，ベクトル，微分法，ならびに積分法の基礎と応用を学んだ。

　決して数学者のように美しく解を導く必要はない。数学の「道具」としての「使い途(みち)」が肝要となるので，どの場合にどの公式や定理などを用いればよいか，自分のなかできちんと整理しておこう。

3章 力とは

図A 飛行機(B787) (提供:全日本空輸株式会社)

図B シティコミュータ
(提供:株式会社スマートサービステクノロジーズ)

　地球上では,地球が物体を地球の中心に向けて引張る力(重力)が必ず働く。机の上に置いている本が動かずに静止し続けるのは,本に重力が働いており,机の面が本を上向きに押す力とつり合っているからである。また図Aのように飛行機が大空で浮くことができるのは,翼に沿って流れる空気の圧力に差が生じるからである。この圧力の差(揚力)によって飛行機は浮くことができるのである。

　さて,図Bはシティコミュータと呼ばれる前二輪三輪車である。ペダルをこぐときの力,タイヤが回転する力,タイヤと地面との間に発生する摩擦の力など,シティコミュータが前進運動するためにはさまざまな力がかかっている。このシティコミュータの特徴は,スムーズなコーナリングができるように,1章で説明した,バンク機構を利用して,遠心力をうまく吸収し運転者に快適な操作性を提供している点である。

　これらの例のように私たちの身のまわりには,物体に力が働くことによってさまざまな現象が生じており,知らないうちに多くの力を体感している。身のまわりにあるさまざまな力は,どのように分析できるだろうか?

●**この章で学ぶことの概要**

　目に見えないが,力は私たちの日常生活に密接している。世の中にある物体の運動や変形は,力の作用によって生じるものである。本章では基本的な数学・物理学との関係を理解できるように,工業力学のベースとなるいろいろな力について解説する。

> **予習　授業の前にやっておこう!!**
>
> 1. 質量と重さの違いについて調べよ。【3-1節，3-3節に関連】
>
> 2. 物理量である長さ，質量，時間について，単位と定義をまとめよ。【3-2節に関連】
>
> 3. 場の力，接触する力について調べ分類せよ。【3-1節と3-3節に関連】

WebにLink

3-1 力の基本原理

力 (force) は目に見えるものではないが，我々の生活にとって大変重要な役割をなしている。ここではまず，力の表示方法や基本法則について解説する。

3-1-1 力のベクトル表示

力が物体に働いたとき，大きさ，向き，力の働く点によって運動が異なることは感覚的にわかるだろう。これら3つは，**力の三要素**と呼ばれている。2章で学んだベクトル[*1]は，"大きさ"と"向き"をもった量であり，"始点"から終点に向かうので，力を表現するにはベクトルが活用される（図3-1）。また，7章で学ぶ位置，速度，加速度も力と同じように大きさと方向をもつ量なのでベクトルで表すことができる。

*1 **Don't Forget!!**
2章で説明したように，ベクトルとは，大きさと向きをもった量のことであり，ボールド体（太字）で表すか，頭に→をつけて表す。本書では，力のベクトルを $\boldsymbol{F}$ で表す。また，ベクトルの大きさは，$|\boldsymbol{F}|$ あるいは F と表記する。

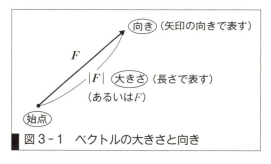

図3-1　ベクトルの大きさと向き

3-1-2 運動の法則

力学とは一般に"ある座標系において，物体に力が働いたときに，その物体がどのような運動をするかを調べる学問"である。本書では，力をベクトル表示するので，xy 直交座標系のほか極座標系で表すこともある。これらの座標系と物体に働く力の関係は，3つの**ニュートンの法則**（Newton's law）[*2] によって集約されることが知られている。

第1法則：外力が物体に作用しないかぎり，その物体は静止し続けるか，または等速度運動（等速直線運動）を続ける。

*2 **ヒント**
運動の法則のイメージは，次のようにつかもう。
第1法則：静止または等速度運動を続ける座標系：慣性系を設定。
第2法則：1つの物体に作用する力とその運動の関係。
第3法則：複数の物体の相互関係。

地上では常にさまざまな抵抗力が働いているためにイメージしにくいが，氷の上や宇宙空間などを考えてみるとよい．外から力が働かなければ，止まっている物体はその場にとどまり続け，動いている物体は物体自身がもつ速度をそのまま保ち続けようとする．この性質を**慣性**(inertia)[*3]という．この第1法則は，**慣性の法則**(law of inertia)とも呼ばれる．

第2法則：物体に外力 F が作用すると，物体には F に比例した，F と同じ向きの**加速度**(acceleration) a が生じる．すなわち，次式が成立する[*4]（図3-2）．

$$F = ma \qquad 3-1$$

■ 図3-2　運動方程式のイメージ図

ここで，m は**質量**(mass)であり，数学的に正の比例定数の**スカラー**[*5](scalar)である．式3-1を**運動方程式**(equation of motion)と呼んでいる．

式3-1から，物体の加速度 a は加えられた力の大きさ F に比例し，物体の質量 m に反比例することがわかる．つまり，物体に力を加えて加速させるには，大きな力を加えるほど，また質量が小さい物体ほど，短時間で加速する．

第3法則：物体Aが物体Bに力 F をおよぼしているとき，必ず物体Bは物体Aに，大きさが等しく逆向きの力 $-F$ をおよぼす（図3-3）．

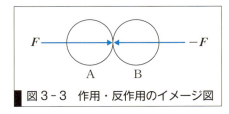

■ 図3-3　作用・反作用のイメージ図

球Aと球Bが接触し，AがBを F の力で押すと，同じ力 F で逆向きにBはAを押し返してくる．これがニュートンの第3法則で，「作用に対して反作用は同じ大きさで逆向きに働く」ということである．したがって，第3法則は，**作用・反作用の法則**(law of action and reaction)とも呼ばれる．この法則によって，複数の物体の相互関係が決められ，これと第2法則（運動方程式）を活用することによって，それらの運動を記述できるようになる．

[*3] **＋α プラスアルファ**
外力に抵抗して，速度を変化させまいとする性質．

[*4] **Don't Forget!!**
この関係はよく使うので覚えておこう！
この第2法則は，式3-1でシンプルに記述されており，$F=0$ のとき，$ma=0$（$m>0$）よって，$a=0$ だから外力 F が働かなければ，この物体は一定の速度で等速運動を続ける．すなわち第1法則（慣性の法則）が導ける．

＋α プラスアルファ
もともと，ニュートンが示した式は，$F=d(mv)/dt$ という形であった．ここで，v は物体の速度で，mv は物体のもつ運動量である．$dv/dt=a$ より式3-1と同じである．運動量については，11章で詳しく解説する．

[*5] **Don't Forget!!**
スカラー量とは，大きさのみをもつ量のことである．

3.2 単位と数値

力はニュートンの第2法則：$F = ma$ からも明らかなように，物体に加速度を生じさせるものである。力の単位はいくつか存在するが，本書では単位系を世界的に統一した**国際標準単位系**（SI 単位系：Le Système International d'Unités）で示す。SI 単位系では，質量 1 kg の物体に 1 m/s² の加速度を生じさせる力を 1 [N] と定義している[*6]。つまり，力 F の単位は MKS 単位系[*7] である，長さ m，質量 kg，時間 s を用いて，ニュートンの法則 $F = ma$ より，[質量 × 加速度] = [kg × m/s²] = [N（ニュートン）] である。[N] は MKS 単位などの基本単位から作られているので，組立単位といわれる。

3-2-1 単位変換

数学記号"＝"で結ばれた左辺と右辺では，**単位**（unit）は等しくならなければならない。問題を解くときは，計算途中では文字式のまま変形して，文字式として求めた左辺と右辺の単位が等しいことを確認してから数値を代入すればよい。答えを算出したときは，両辺の単位がきちんと合っているかどうか確認することが重要である[*8]。

例題 3-1　7.8 m/s を km/h に単位変換せよ。

解答　$7.8 \text{ m/s} = \dfrac{7.8 \times 10^{-3} \text{ km}}{\dfrac{1}{3600} \text{ h}} = 28.08 \text{ km/h}$

3-2-2 角度

1 m を 1000 mm，1 kg を 1000 g，1 min を 60 sec と表してもいいように，角度 θ も度 [°] または**ラジアン** [rad] で表すことができる。ラジアンは弧度法[*9] という手法で角度を表すときの単位で，半円の中心角である 180° は次式で示される。

$$180° = \pi \text{ rad} \qquad 3-2$$

なお一般的に，単位 rad を省略して 180° = π と表す。

ところで，2 章で出てきた指数関数 a^x，対数関数 $\log_a x$，三角関数 $\cos\theta$ などの x，θ は単位をもたない数であり，**無次元量**[*10]（dimensionless）と呼ばれる。とくに角度 θ は，問題で角度が示されているとき，いつも度かラジアンなのかを考えなければいけない。度 [°] とラジアン [rad] は同じ単位ではないが，ともに次元をもっていないので，場合によってうまく使い分ければよい。普段使い慣れていないかもしれないが，ラジアンは工学でよく使われる角度の表記である。

[*6] **＋α プラスアルファ**
7つの基本単位：
長さ　：m（メートル）
質量　：kg（キログラム）
時間　：s（秒）
電流　：A（アンペア）
温度　：K（ケルビン）
光度　：cd（カンデラ）
物理量：mol（モル）
がある。

[*7] **＋α プラスアルファ**
MKS 単位系
物理量 m，kg，s を基本単位とする単位系である。ほかにも有力な単位系として cm，g，s で表す CGS 単位系もあった。現在は MKS 単位系を拡張した SI 単位系が世界標準である。

[*8] **ヒント**
計算結果でおかしな数値が出てきた場合には，式変形が間違っている可能性が高い。単位をチェックすることを強くお勧めする。

[*9] **＋α プラスアルファ**

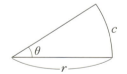

弧度法の図
扇形の弧長と角度の関係は，上図に示したとおり $c = r\theta$ で表現することができる。

[*10] **＋α プラスアルファ**
弧度法の図で c と r は，長さの次元をもつので $\theta = c[\text{m}]/r[\text{m}]$ となり，明らかに θ には次元がない無次元である。このように，ラジアンと度には単位はないが，式 3-2 の変換式をしっかりと理解しておくことが必要である。

例題 3-2 $\theta = 24°$ をラジアン表記で示せ。

解答 $\theta = 24° = \dfrac{24° \times \pi \text{ rad}}{180°} = 0.419 \text{ rad}$

3-2-3 接頭語

接頭語（prefix）は単位を補足する記号である。工学では非常に大きい数字や非常に小さい数字を扱うのでとても便利である。表3-1に，主な接頭語を示す。

表3-1 SI単位における主な接頭語

数値		読み方	記号
1 000 000 000 000	10^{12}	テラ (tera)	T
1 000 000 000	10^{9}	ギガ (giga)	G
1 000 000	10^{6}	メガ (mega)	M
1 000	10^{3}	キロ (kilo)	k
100	10^{2}	ヘクト (hecto)	h
10	10^{1}	デカ (deca)	da
0.1	10^{-1}	デシ (deci)	d
0.01	10^{-2}	センチ (centi)	c
0.001	10^{-3}	ミリ (milli)	m
0.000 001	10^{-6}	マイクロ (micro)	μ
0.000 000 001	10^{-9}	ナノ (nano)	n
0.000 000 000 001	10^{-12}	ピコ (pico)	p

この接頭語を利用することによって，数式を簡易に表現することができ，計算もしやすくなるので，計算間違いが少なくなる。

具体的に，次の例題で確認してみよう。

例題 3-3 断面積 $A = 10 \text{ mm}^2$，力 $F = 100 \text{ N}$ のとき，F/A の値を求め，単位をMPaで表せ。ただし，$[\text{N/m}^2] = [\text{Pa}]$ とする[*11]。

解答 $\dfrac{F}{A} = \dfrac{100 \text{ N}}{10 \text{ mm}^2} = \dfrac{100 \text{ N}}{10 (10^{-3} \text{ m})^2} = \dfrac{100 \text{ N}}{10 \times 10^{-6} \text{ m}^2}$
$= 10 \times 10^6 \text{ N/m}^2 = 10 \text{ M·N/m}^2 = 10 \text{ MPa}$

3-2-4 誤差，有効数字，測定精度

測定値は目盛の1/10までの数値を読み取ることを実験や実習で習ったはずである。しかしながら，目測ではどうしても真の値からの**誤差**（error）が生じてしまうので，解析結果に少なからず影響がある。

実際に問題を解き，答えを導くときはこの誤差に注意を払うとともに，得られた答えの数値をどのように丸める[*12]か注意しなければいけない。

[*11] **＋α プラスアルファ**
[Pa] は圧力（pressure）の単位である。材料力学では，応力（stress）と呼ばれる単位面積当たりの力：単位[力/断面積] = [N/m²] = [Pa]がある。詳しくは「PEL 材料力学」（実教出版）を参照してほしい。

[*12] **Let's TRY!!**
数値の丸め方
JIS（日本工業規格）に規格があるので，調べてみよう。

たとえば，**有効数字**（significant digit）が 3 桁の 8.11 と 2 桁の 1.4 の数値が与えられているとする。2 桁の数字 1.4 は 1.35 ～ 1.44 の範囲の数値であり，すでに誤差を含んでいると考えられる。したがって，足し算や引き算をすると，8.11 + 1.4 = 9.51 と 8.11 − 1.4 = 6.71 が得られるが，それぞれ四捨五入して 9.5，6.7 を答にすることが望ましい。つまり，足し算や引き算では**精度**（accuracy）の粗い数値の位に揃えることになる。この場合は，1.4 の位である小数第 1 位に揃えた。

また，かけ算や割り算の場合でも，精度が一番粗い数値が計算結果の誤差に影響する。したがって，測定値のなかで有効数字が最も小さい桁数を調べ，答の数値をその桁数に合わせる必要がある。たとえば，縦 1.4 m，横 8.11 m，高さ 10.18 m の体積を求めるとき，1.4 × 8.11 × 10.18 = 115.58372 m³ と計算して，最も小さい 1.4 の有効数字 2 桁でまとめ 120 m³ とする。そして，有効数字をはっきりさせるために，前節の接頭語を用いて 1.2×10^2 m³ と表す。

> **例題 3-4** ある物体の質量を測定すると，質量 m は 60 kg であった。重力加速度の大きさ g を 9.80665 m/s² とするとき，有効数字を考慮して mg の値を求めよ[*13]。
>
> **解答** 60 と 9.80665 を比べると，最も小さい有効数字の桁数は 60 の 2 桁である。ここで，有効数字を考慮して mg の値を計算すると
> $$mg = 60 \times 9.80665 = 588.399 \fallingdotseq 590.000 \text{ kg·m/s}^2$$
> となる。したがって，$mg = 5.9 \times 10^2$ N と表す。

[*13] **+α プラスアルファ**
mg は，3-3-1 項で出てくる重力である。しっかりと理解を深めてほしい。

3-3 力の種類

3-1 節で学んだニュートンの 3 つの法則に"万有引力の法則"を加えるだけで，7 章，9 章の地上における物体の放物運動や，12 章の単振動などのさまざまな運動を記述することができる。それでは，物体に働く力について，具体的にどんなものがあるかを考えてみよう。

3-3-1 重力

式 3-1 の運動方程式を一次元の運動方程式で表すと，次式になる。

$$F = ma \quad\quad 3\text{-}3$$

式 3-3 より，同じ外力 F が物体に加わっても質量 m が大きければ加速度 a は小さくなることがわかる。x 軸を鉛直下向きにとり重力加速度を g とすると，地球と物体との万有引力によって，地上の質量 m の物体に働く外力 F は**重力**（gravity）のみで，mg となる[*14]。これを物体の**重さ**（weight）W と呼び，次式で示す[*15]。

$$W = mg \quad\quad 3\text{-}4$$

[*14] **+α プラスアルファ**
質量 m は物体の慣性の大きさを表しているので**慣性質量**（inertial mass）と呼ぶこともある。

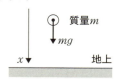

3-3-2 反力と抗力

図3-4は球Aと球Bが接触し，AがBをFの力で押したときに運動の第3法則（作用・反作用の法則）によって，AはBからFの力で押し返されている様子を示している。この力Fのことを**反力**（reaction force）または**抗力**（drag）という。

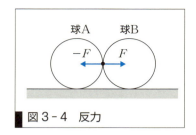

図3-4 反力

図3-5のように，滑らかでない[*16]水平な床に置かれた質量mの物体にも，運動の第3法則（作用・反作用の法則）が成り立つので，床面から物体にも力が働く。この図では，床面から重力mgと同じ大きさで逆向きの**垂直抗力**（normal force）Nが働いている。

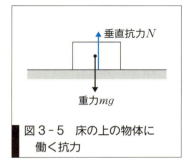

図3-5 床の上の物体に働く抗力

3-3-3 摩擦力

図3-5において，質量mの物体を力Fで動かそうとするとき，**最大静止摩擦力**（maximum force of static friction）$F_{\max}$といわれる**摩擦力**（friction）が働き，動かすことに抵抗する。このときの摩擦力は，次式で表される[*17]。

$$F_{\max} = \mu_s N \qquad 3-5$$

ここで，μ_sは**静止摩擦係数**（coefficient of static friction）と呼ばれる。

物体が静止しているとき，床面から受けている摩擦力の大きさFは，次式を満たす。

$$F \leqq \mu_s N \qquad 3-6$$

小さな力Fをこの物体に作用させても，これと逆向きで同じ大きさの静止摩擦力が働くため，この物体は静止したままであることがわかる（図3-6）。

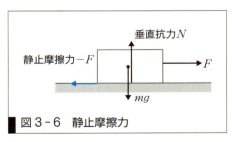

図3-6 静止摩擦力

*15
工学ナビ

重さ（重量）は，地球の中心に向けて下向きに引張る力であり，物体自身でもっている量ではない。重さは重力の大きさである。

また，地球上で1 kgの物体に働く重力を1 kgfまたは1 kg重と呼ぶことがあるが，地表上の重力加速度gは9.8 m/s²なので，1 kg重＝1 kg・9.8 m/s²＝9.8 Nである。日常の生活で使用している数字と一致しているので馴染みやすい。kgfは，m[kg]の物体に働く重力mg[N]と等しい。

*16
+αプラスアルファ

摩擦力が働かないときの面を**滑らかな面**（smooth surface）という。

*17
+αプラスアルファ

式3-5は経験式である。摩擦力を理論的に求めることは難しい。

物体に作用させる力Fを大きくしていき，$F > \mu_s N$となると，物体はFの向きに動き出す。このとき，物体には$-\mu_k N$の**動摩擦力**（dynamic friction）が働く[*18]。ここで，μ_kは**動摩擦係数**（coefficient of dynamic friction）と呼ばれ，一般に$\mu_k < \mu_s$が成り立つ（図3-7）。

[*18] +α プラスアルファ
動摩擦力$\mu_k N$も経験式である。動摩擦力の大きさは，最大静止摩擦力の大きさ$\mu_s N$より小さい。

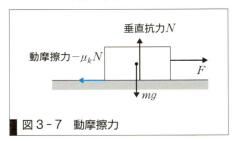

図3-7 動摩擦力

3-3-4 張力

物体に伸びない糸，ロープ，ワイヤーなどをつけて引張るときには，**張力**（tension）が存在する。たとえば，図3-8に示すように，振り子ではおもりを円周上に拘束するために張力Tが存在する。また，張力Tは糸の質量が無視できる場合，糸のどの位置でも同じである。下図で振れ角がθの場合，**向心力**（central force）が働く[*19]。

したがって，糸の点では張力から重力の半径方向成分の力を引いたものと向心力は等しい。

[*19] ヒント
詳しくは，7章の等速円運動で解説する。

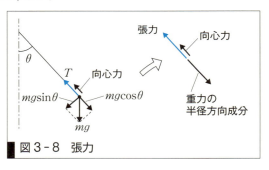

図3-8 張力

例題 3-5 傾きがθの滑らかな斜面上に重さmgの物体が置かれている。このとき，物体に作用する力を図示し，斜面に平行，垂直な成分の力の大きさを答えよ。

解答 斜面に置かれた重さmgの物体に作用する力は図3-9のとおりである。なお，物体が斜面に沿った運動（束縛運動）をするときには，斜面に垂直な抗力Nが必要である[*20]。また，斜面に平行，垂直な成分の力の大きさは，それぞれ$mg\sin\theta$，$mg\cos\theta$である。

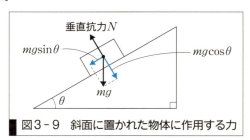

図3-9 斜面に置かれた物体に作用する力

[*20] +α プラスアルファ
$mg\cos\theta$の力で斜面にめり込まないために，垂直抗力Nが存在する。このように，ある曲面や曲線上に沿った運動をするために必要な拘束力のことを**束縛力**（constraining force）という。

3-3-5 弾性力

図3-10に示すように，ばねが伸びたり縮んだりして自然長に戻ろうとする復元力のことを**弾性力**(elastic force)という。ばねがx[m]だけ伸びているときは，ばねにより物体は負の方向に力Fを受ける。また，ばねがx[m]だけ縮んでいるときは，ばねにより物体は正の方向に力Fを受ける。この関係は，次式のように表される。

$$F = -kx \qquad 3-7$$

ここで，kはばね定数と呼ばれ，単位は[N/m]である。式3-7を**フックの法則**(Hooke's law)という。

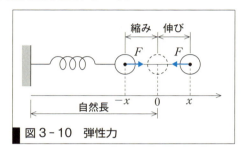

図3-10 弾性力

演習問題 A　基本の確認をしましょう

3-A1　18 km/hをm/sに単位変換し，有効数字を考慮して値を求めよ。

3-A2　水平面上に質量1.5 kgの物体が置いてある。物体と面との間の静止摩擦係数を0.60とするとき，物体が面から受ける垂直抗力はいくらか。

3-A3　3-A2の問題で，物体に水平方向の力Fを加える。力をしだいに大きくしていくとき，Fはいくらになると物体は動き出すか。

3-A4　質量0.50 kgの球を軽い糸でつるし，糸の上端をもって球を引き上げた。このとき，球に働く重力を求めよ。ただし，重力加速度の大きさは9.80 m/s^{2}とする。

3-A5　質量2.00 kgのおもりをつるすと，100.0 mm伸びるつる巻きばねがある。このばねのばね定数kはいくらか。ただし，重力加速度の大きさを9.80 m/s^{2}とする。

3-A6　3-A5のばねを150.0 mm伸ばすときの力の大きさはいくらか。

演習問題　B　もっと使えるようになりましょう

3-B1 質量 5.0 kg のおもりに糸をつけて，天井からつるしてある。
(1) 糸がおもりを引く力の大きさを求めよ。
(2) おもりに別の糸をつけて水平方向に引き，おもりをつるしている糸が鉛直方向と $\pi/4$ の傾きをなすようにした。このとき，おもりをつるしている糸が引く力，および水平方向に引く力を求めよ。

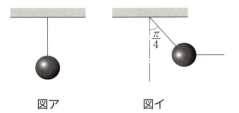

図ア　　　図イ

3-B2 水平面と $\pi/6$ の角をなす滑らかな斜面に沿って，質量 20 kg の物体をゆっくり引き上げる。ただし，重力加速度の大きさを 9.80 m/s^2 とする。このとき，引き上げるために必要な力の大きさはいくらか。

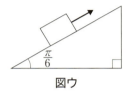

図ウ

3-B3 ばね定数 20 N/m のばねの一端を固定する。他端に質量 0.50 kg のおもりをつるし，そのおもりを板で支える。ばねが自然長から 0.10 m 伸びているとき，板がおもりを支えている力はいくらか。ただし，重力加速度の大きさを 9.80 m/s^2 とする。

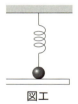

図エ

あなたがここで学んだこと

この章であなたが到達したのは
- □ 力の特徴を理解して，ニュートンの運動の法則を説明できる
- □ 工学と数学との関係に納得し，工学的に正しい数値を計算できる
- □ いろいろな力について習熟を深め，力の概念を理解できる

　本章では，工業力学で基礎となる力に焦点を当て，基本的な数学・物理の概念を説明しながら学んできた。物体に力が作用し運動する現象は，運動方程式で記述されることを学び，さまざまな現象に応用展開されていることをみてきた。ただ単に問題を解き数値を求めるだけでなく，力学現象について深く理解してほしい。

4章 一点に働く力

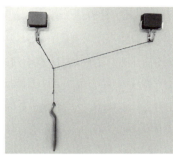

図 A

図 B

前章で力の基本原理と単位について学習した。本章ではそれに引き続き，ある一点に力がいくつか働いている場合について考える。たとえば，図 A の写真に示すようにおもりを 2 本のひもで支える場合を考える。フックからの 2 本のひもにかかる力はお互いのひもの傾きが同じとき同じであるが，傾きが異なればかかる力も違う。どのくらいの力がかかるか計算できるようになろう。また 2 本のひもに作用している力の合計がおもりの重量とつり合うことによりおもりは動かないことを理解しよう。

また，図 B のように，実際には電線を支えている電柱には電線からの力が作用するが，電柱からも接点に力が働く。そのような場合の力が計算できると，電線や電柱の強度を計算できるようになる。

●この章で学ぶことの概要

本章では，ある点に力が働くとき，力は合成したり分解したりできることを知り，合力の大きさが計算できたり，つり合うとはどういうことか理解できるようになる。力がつり合っているということは，力の合力がゼロになることを理解する。

予習 授業の前にやっておこう!!

1. 以下に示したベクトル A, B, C を考える。(1)〜(3)を計算せよ。
   【4-1節, 4-2節, 4-3節に関連】

   $A = \left(-\dfrac{\sqrt{3}}{4},\ \dfrac{1}{4}\right),\ B = \left(\dfrac{\sqrt{3}}{4},\ \dfrac{3}{4}\right),\ C = (0,\ -1)$

   (1) $A + B$
   (2) $C - B$
   (3) $A + B + C$

2. 図 a のような三角形がある。長さが不明な辺の長さ a, b を求めよ。
   【4-2節に関連】

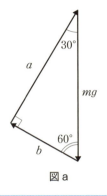

図 a

4-1 着力点が同一の力

4-1-1 着力点が同一の2力の合成と分解[*1]

図4-1に示すように、点 A に力 F_1 が働く場合を考える。点 A のような、力の働く点を**着力点**（point of application of force）という。図4-1の場合、点 A は F_1 の力でその向いている方向に引張られる。力はものを動かすという効果をもつが、それは押しても同じであるので点 A で押されていると考えてもかまわない。

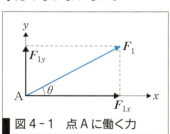

図4-1 点 A に働く力

そのとき、F_1 により引張られることは、F_{1x} で x 方向に引張られると同時に F_{1y} の力で y 方向に引張られていると考えると現象をよく説明できる。これは力 F_1 を F_{1x} と F_{1y} に分解することであり、これはすでに学習した数学でベクトル F_1 を $(F_{1x},\ F_{1y})$ と成分表示することと同一の考えである。したがって、力を考えるとき数学のベクトルと同じと考

[*1] 2章2-2節参照および3章3-1節参照。

えることができる。逆に $\boldsymbol{F}_{1x} = (F_{1x}, 0)$ の力と $\boldsymbol{F}_{1y} = (0, F_{1y})$ の力が同時に加えられたとき，その合計は先ほどの $\boldsymbol{F}_1 = (F_{1x}, F_{1y})$ となることを示している。

それでは，点 A に図 4-2 のように，$\boldsymbol{F}_1$ と $\boldsymbol{F}_2$ の 2 つの力が作用した場合はどのようになるか考えてみよう。

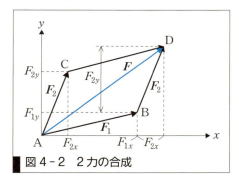

図 4-2　2 力の合成

点 A に $\boldsymbol{F}_1$ と $\boldsymbol{F}_2$ が同時に作用するということは，$\boldsymbol{F}_1$ は (F_{1x}, F_{1y}) の力（ベクトル），$\boldsymbol{F}_2$ は (F_{2x}, F_{2y}) の力（ベクトル）が働いていると考えることができる。$\boldsymbol{F}_1$ と $\boldsymbol{F}_2$ が同時に点 A に働くということは，これら 2 つの力の和 $\boldsymbol{F}_1 + \boldsymbol{F}_2$ が点 A に働くと考えることができる。すると

$$\boldsymbol{F} = \boldsymbol{F}_1 + \boldsymbol{F}_2 = (F_{1x} + F_{2x}, F_{1y} + F_{2y})$$

の力（ベクトル）が作用すると考えることができる。これは図に示すように，$\boldsymbol{F}_1$ と $\boldsymbol{F}_2$ で作られる平行四辺形 ABDC の A から D に向かう力（ベクトル）と同じことがわかる。

4-1-2 着力点が同一の 3 力以上の合力

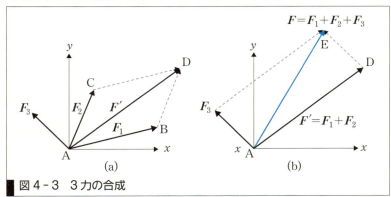

図 4-3　3 力の合成

図 4-3 (a) に示すように着力点 A に力 $\boldsymbol{F}_1$，$\boldsymbol{F}_2$，$\boldsymbol{F}_3$ が働く場合を考える。

$\boldsymbol{F}_1 = (F_{1x}, F_{1y})$，$\boldsymbol{F}_2 = (F_{2x}, F_{2y})$ の合力 $\boldsymbol{F}'$ は

$$\boldsymbol{F}' = \boldsymbol{F}_1 + \boldsymbol{F}_2 = (F_{1x} + F_{2x}, F_{1y} + F_{2y}) \qquad 4-1$$

である。

これは $\boldsymbol{F}_1$ と $\boldsymbol{F}_2$ で作られる平行四辺形の点 D への力 $\boldsymbol{F}'$ である。

3力の合力はこのF'と$F_3 = (F_{3x}, F_{3y})$の和であるから(b)に示す

$$F = F' + F_3 = (F_{1x} + F_{2x} + F_{3x}, F_{1y} + F_{2y} + F_{3y}) \quad 4-2$$

となる。

これは図でいえばF'とF_3で作られる平行四辺形の点Eへ向かう力である[*2]。

> *2
> **工学ナビ**
> 力をベクトルで考えられるなら，ベクトルで成立することは力でも成り立つ。

これまでわかりやすくするために，力を二次元で考えてきた。しかし，この考えはそのまま図4-4に示すように三次元にも当てはまる。

ここで，$F_1 = (F_{1x}, F_{1y}, F_{1z})$
$F_2 = (F_{2x}, F_{2y}, F_{2z})$
$F_3 = (F_{3x}, F_{3y}, F_{3z})$

であるから，この3力が点Aに作用した場合の合力は

$$F = F_1 + F_2 + F_3$$
$$= (F_{1x} + F_{2x} + F_{3x}, F_{1y} + F_{2y} + F_{3y}, F_{1z} + F_{2z} + F_{3z}) \quad 4-3$$

となる。

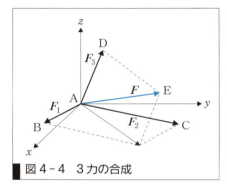

図4-4　3力の合成

点Aに作用する力がn個なら

$$F = \sum_{i=1}^{n} F_i = \left(\sum_{i=1}^{n} F_{ix}, \sum_{i=1}^{n} F_{iy} \right) \quad 4-4$$

が合力となる。

4.2　力のつり合い

力がつり合うとはどういう状態か考えよう。たとえば図4-5のような綱引きで綱が動かない状態を考えてみよう。

綱を赤組がFの力で引く。白組は反対方向にFの力で引く。このと

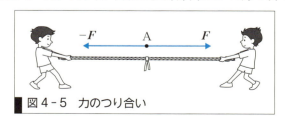

図4-5　力のつり合い

き赤と白それぞれの力が反対方向を向いていて大きさが同じなら綱は動かない．反対方向ということをマイナスで表す．赤組と白組の力の和 F_{all} は

$$F_{all} = F + (-F) = 0 \qquad 4-5$$

となって合力はゼロとなる．つまり点 A では 2 つの力が作用しているが，その合力はゼロとなり外部から力が働いていないのと同じ状態である．つまり点 A を動かそうとする力は合力でみると働いていない．この状態を力はつり合いの状態にある，あるいはつり合っているなどという．図 4-5 では一直線上でのつり合いを示したが，2 方向で力がつり合えば平面上でつり合って動かないことを示す．図 4-6 に示すような水平の天井にひもでつられた**質点**（point mass）を考える．質点とは，質量はあるがその体積や形状は無視して考える場合の質量のことをいう．ひもと天井のなす角度は図 4-6 に示した．この状態で質点はつり合っているという．F_1 と F_2 の大きさを求めてみよう．この例の場合は点 C に作用する力は F_1，F_2，それと重さ W である．これら 3 つの力がつり合っている．つまり，その合力はゼロとなる．

ここで，F_1，F_2，W の合力を計算し結果をゼロとおくことによりつり合いの式を立てる．

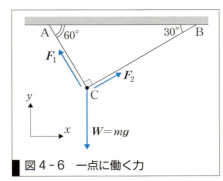

■ 図 4-6 一点に働く力

$F_1 = (F_1 \cos 120°, F_1 \sin 120°)$，$F_2 = (F_2 \cos 30°, F_2 \sin 30°)$，[*3]
$W = (0, -mg) \qquad 4-6$

よって，$F_1 + F_2 + W = 0$ のつり合いの式は，以下の 2 つの式で表される．

$$-\frac{1}{2}F_1 + \frac{\sqrt{3}}{2}F_2 = 0 \qquad 4-7$$

$$\frac{\sqrt{3}}{2}F_1 + \frac{1}{2}F_2 - mg = 0 \qquad 4-8$$

式 4-7 は水平方向（x 方向）の力のつり合いで，式 4-8 は垂直方向（y 方向）の力のつり合いの式を表している．つり合っているということは x 方向へも y 方向へも動かないということである．

これを解くと，次のように求められる．

[*3]
工学ナビ
問題が入り組んできたら，このように x 軸からの角度で表すと間違いを減らせる．

$$F_1 = \frac{\sqrt{3}}{2}mg, \quad F_2 = \frac{1}{2}mg \qquad 4-9$$

これを別の見方で表現すると，3力のベクトルはつり合うということは合力がゼロになるのであるから，3力のベクトルの和をとると図4-7のようにベクトルの和の始点と終点が一致し閉じた三角形ができる。

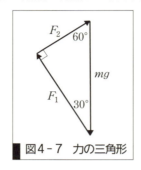

図4-7 力の三角形

よって，mg の大きさがわかっているので**ラミの定理**（Lami's theorem）[*4]より

$$\frac{mg}{\sin 90°} = \frac{F_1}{\sin 60°} = \frac{F_2}{\sin 30°} \qquad 4-10$$

となり，$F_1 = \frac{\sqrt{3}}{2}mg$，$F_2 = \frac{1}{2}mg$ と求めることもできる。

[*4]
注意！
式4-10のラミの定理は力のつり合いが三角形になる場合だけ使用できる。

4・3 接触点での力の作用

4・3・1 曲面での接触

曲面を考える前に，図4-8に示すように水平な床の上に質量 m の立方体が置かれている場合を考えてみよう。3-3節で説明したとおり，重心Gには $W = mg$ の下向きの力が作用する。力は着力点を直接引張っても，ひもで離れたところから引張っても，あるいは押しても，その作用線上であれば力がものを動かすという効果は同じである。つまり，力は作用線上を移動させてかまわないといえる。よって，重力は床面を押す。力はつり合って，作用・反作用の法則より抗力 R が発生する。この R の着力点を重心に移動させると重心での力のつり合いと考えて差し支えない。

次に，床面に対して円柱が置かれている図4-9(a)の場合を考える。この場合接点Aにおいて床と円柱は接する。そして，床はちょうど円柱の接面となっている。反力 R は接点Aを着力点として，この接面に直角になる。接点を通り接面と直角の線が作用線であるから，作用線は円の中心を通過する。したがって，円柱が壁面に接触したときに受ける反力は円柱の中心を通ると考えて差し支えない。

もう1つの円柱が点Aでもとの円柱に接している図4-9(b)を考える。このとき接面は両方の円柱の共通接面であるといえる。よって点Aを通る垂線は両方の円柱に対し共通で，ともに中心を通る。よって反力Rは中心に働いていると考えても差し支えない。

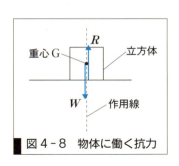

図4-8 物体に働く抗力

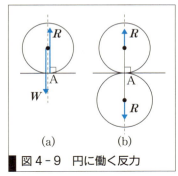

(a)　　(b)

図4-9 円に働く反力

例題 4-1 図4-10のような幅3mのトラックの荷台に半径1mの質量mのコンクリート製の円柱を2個入れた。側壁および床面での反力を計算せよ。ただし，摩擦は考えない。

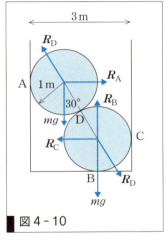

図4-10

解答 点A，B，Cの壁面反力および点Dにおける接触反力を作用線上で移動させ円柱の中心に作用していると考える。すると各円柱の水平方向，垂直方向のつり合い式より

$$R_A + R_D \cos 120° = 0 \qquad 4-11$$
$$R_D \sin 120° - mg = 0 \qquad 4-12$$
$$R_D \cos 300° - R_C = 0 \qquad 4-13$$
$$R_B + R_D \sin 300° - mg = 0 \qquad 4-14$$

式4-12より　$R_D = \dfrac{2}{\sqrt{3}} mg$，

式4-11，式4-13より　$R_A = R_C = \dfrac{1}{\sqrt{3}} mg$，

式4-14より　$R_B = 2mg$　となる。

4-3-2 摩擦のある接触

θ の角度で傾く斜面に置かれた質量 m の物体が斜面を滑らずにつり合っている状態を図4-11に示す。

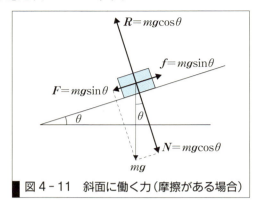

図4-11 斜面に働く力（摩擦がある場合）

質量に発生する力 mg は斜面を押す力 N と斜面に沿って滑り落ちようとする力 F に分解できる。斜面から質量 m の物体には作用・反作用の法則に従い R が作用し、滑り落ちないよう摩擦力 f が作用して F とつり合っている。3-3-3項で説明したように摩擦力 f は滑らない範囲で定義する静止摩擦係数を μ_s とおくと $f = \mu_s N$ の関係があり、斜面を押す力が強ければ同じ摩擦係数でも摩擦力も大きくなる。つまり、

$$\mu_s = \frac{f}{N} = \tan\theta \qquad 4-15$$

の関係があるので、θ を大きくしていくと静止摩擦係数 μ_s は徐々に大きくなる。θ は大きくできるが静止摩擦係数はどこまでも大きくなることはできず、θ が ρ になったとき質量は滑り始める。この滑り始める ρ を**摩擦角**（angle of friction）といい、

$$\mu_{s\max} = \tan\rho \qquad 4-16$$

を**最大静止摩擦係数**（maximum coefficient of static friction）と呼ぶ。

滑り始めると摩擦係数は急に小さくなる。この値は動摩擦係数であり、通常 μ_k で表す。

演習問題 A　基本の確認をしましょう

4-A1　40 N と 50 N の力が挟角 60° で点 A に働いている。合力の大きさと方向を求めよ。

4-A2　図アのように、点 O に 2 つの力 F_1, F_2 が作用している。合力の大きさと水平からの方向を求めよ。

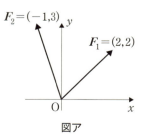

図ア

4-A3 図イのように，点 A に 3 つの力が作用する場合の合力と方向を求めよ。

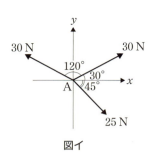

図イ

4-A4 図ウのように，水平な天井に 2 本のひもでつるした 30 kg のおもりがある。AC，BC のひもの張力を求めよ。

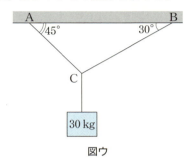

図ウ

演習問題　B　もっと使えるようになりましょう

4-B1 $F_1 = (3, 3, 2)$，$F_2 = (4, 0, 5)$ の 2 力が点 A に働いている。合力の大きさを求めよ。

4-B2 図エのように，摩擦係数がゼロの壁面に半径 60 cm の質量 m [kg] の球が点 A からひもでつるされ点 B で接している。AB 間の距離は 80 cm であった。ひもの張力と点 B での壁の反力を求めよ。

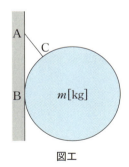

図エ

4-B3 図オに示すような溝に質量 m の円柱を置く。接点 A，B での反力を求めよ。

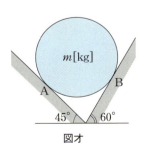

図オ

4-B4 図カに示す V ブロックに直径と質量 m が同一の円柱を 2 つ置いた。接点 A，B，C，D の接触力を求めよ。

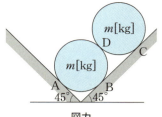

図カ

あなたがここで学んだこと

この章であなたが到達したのは
- □ 物体に作用する力を図示することができる
- □ 力の合成と分解をすることができる
- □ 重力，抗力について説明できる
- □ 一点に作用する力のつり合い条件を説明できる

　本章で学んだことは力のつり合いという，力学の基本である。これを理解することにより，ものが壁や床に接触したり，ひもでつられていたりする場合の，床，壁，ひもにかかる力を知ることができる。それにより，どのくらいの強さのものを用意しなければならないかなど，事前に計算で求めることができるようになる。

5章 複数の点に働く力

図A　ヤジロベーを支える針金

図B　信号を支える柱

前章では一点に力が作用していると考えられる場合に関しての力の表し方や力のつり合いなどを学習した。本章ではそれに引き続き，ある大きさをもち形状が変化しない剛体と呼ばれるものに，着力点が異なる複数の力が働いている場合について考える。着力点が一点とみなせるなら力のつり合いだけでつり合いを考えることができるが，着力点が違う点に複数の力が作用すると，たとえ力の合力がつり合っていても，ものを回転させようとする力によるモーメントが作用し，それがつり合うとは限らない。そこで，力のつり合いと同時にこのモーメントのつり合いも考えないと剛体のつり合いは実現しない。力とモーメント両方のつり合いを考えるときは力の大きさだけでなく，その力がどこに作用しているかを明らかにする必要がある。図Aのヤジロベーを支える針金や図Bの信号を支える柱などは，右端あるいは左端から力が作用し，つり合っている。このとき，それぞれの点に加えられる力あるいは力によるモーメントを考える。

● この章で学ぶことの概要

本章では，剛体に着力点の異なる力が働くときの合力の求め方を学ぶ。また剛体に作用する力の合力がつり合うだけではなく，剛体を回転させようとする力のモーメントもつり合う場合に，剛体は平行移動も回転もせず静止することを理解する。そして，現実に発生する問題を解けるようになることにより，物体の重心を求める場合や，材料力学，水力学などで扱う静力学で必要となる基礎的な知識を学習する。

予習 授業の前にやっておこう!!

1. ベクトル R, F を考える[*1]。【5-2節に関連】

   (1), (2) の計算をせよ。

   (1) $R = (5, 0, 0)$, $F = (0, 7, 0)$ のとき

   $N = R \times F$, $W = R \cdot F$

   (2) $R = (5, 0, 0)$, $F = (4, 7, 0)$ のとき

   $N = R \times F$, $W = R \cdot F$

2. 質量 m が水平となす角が $60°$ と $30°$ のひもで天井からつられている。この2本のひもに作用する力を求めよ。【5-3節に関連】

3. $F_1 = (2, 3)$ と $F_2 = (4, 1)$ の力が働く点がある。この点の合力はいくらか。
   【5-4節に関連】

5-1 剛体に働く力

*1 2-2節のベクトルの内積と外積を確認しよう。

5-1-1 剛体に働く力

物体がある大きさをもち形状変形をともなわないとき,その物体を**剛体**（rigid body）という。そのような,ある大きさをもつ剛体に着力点がいくつかある場合を考える。

5-1-2 剛体に働く力の合成

4章でも説明したとおり,力は作用線上であれば着力点を移動させても,物体を動かそうとする効果に変化はない。

図5-1のような,点 A に F_1,点 B に F_2 の力が同時に作用している場合を考える。力は作用線上なら移動させてかまわないので,2つの作用線が交わる点Cに F_1 と F_2 が作用していると考えられる。これら2つの力は合成され $F = F_1 + F_2$ となり,力はこの F の作用線上に働いていると考えて差し支えない。

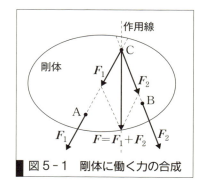

図5-1 剛体に働く力の合成

5・2 力のモーメントの大きさ

5-2-1 剛体の平行移動と回転

剛体に力 F が作用している状態を，図5-2に示す。このとき，点 B を着力点として作用している力 F は点 A に対し，F が作用する方向に剛体全体を平行に移動させようとするとともに，点 A まわりに回転させるような働きを同時に発生させる。剛体全体を F が作用している方向に，平行に移動させようと作用する力の大きさが F である。そのとき，点 A まわりに回転させようとする力のモーメント N は $N = rF\sin\theta$ で与えられる。これは点 A から着力点 B との距離 r の位置に回転させようとする力成分 $F\sin\theta$ が働いたと考えても，$r\sin\theta$ 離れた作用線上に F の力が作用したと考えても同じである。つまり，回転させようとする力のモーメントは $\boldsymbol{N} = \boldsymbol{R} \times \boldsymbol{F}$ というベクトルの外積として与えられると考えてよい。回転方向は $\boldsymbol{R}$ から $\boldsymbol{F}$ へ時計まわりに回転する方向と考える。以降，力のモーメントは単に**モーメント** (moment) と表記する。

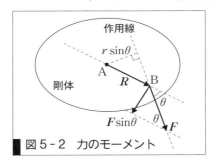

図5-2　力のモーメント

5-2-2 偶力のモーメント

剛体にある作用線の距離が l 離れた 2 点 A，B に対し，同じ大きさで方向が反対を向いた力 F がそれぞれ作用しているとする（図5-3）。このとき剛体内の任意の点 O に対し，平行に移動させようとする力の合力はゼロである。力は作用線上なら移動させてかまわないことを述べたが，その距離が l なので任意の点 O まわりのモーメントは，

$$\boldsymbol{N} = a\boldsymbol{F} - (a+l)\boldsymbol{F} = -l\boldsymbol{F}$$

と与えられる。点 O は剛体内のどこにとってもいいので，剛体内すべての点で N のモーメントが働いていると考えることができる。このように，剛体を平行移動させるような力は作用しないが，剛体全体を同じモーメントの大きさで回転させる作用を発生させる，方向が反対で一対の力を**偶力** (couple) と呼び，それらにより発生するモーメントを偶力のモーメントと呼ぶ。この偶力のモーメントの考えから，いままで力は作用線上なら移動させてもその効果は変わらないと述べてきたが，平行な作用線上に移動させることができるようになる。

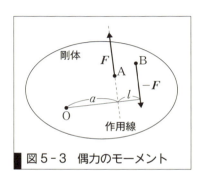

図5-3 偶力のモーメント

ボルトを締めるとき，我々はスパナでボルトの六角頭を回転させる。そのとき図5-4(a)に示すようにスパナの腕にFの力を作用させる。このFの力を偶力のモーメントの考えを使ってボルトの頭に移動させてみる。図5-4(b)のようにボルトの頭にFと$-F$を作用させる。ボルトの頭には着力点が同一な反対の大きさをもった力が加えられているので，何も力を加えないのと同じである。このとき，腕にかけたFと六角頭にかけた$-F$は偶力のモーメントとなり，スパナ全体にNのモーメントが発生する。つまり六角頭にはこの偶力のモーメントNのほかにFの力が働いていることとなる。これはスパナの腕にFの力をかけると，ボルトの頭にはFが平行移動されて作用すると同時に，偶力のモーメントNが作用することを示している。この偶力のモーメントがボルトを回すことになる。よって，ボルトの強度としては，このFとNにより発生する**応力**（stress）*2に耐えるだけの強度が必要となる。

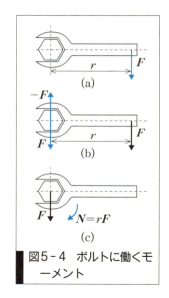

図5-4 ボルトに働くモーメント

*2
応力とは材料力学でよく現れる量で，材料の単位面積当たりに作用する力の大きさである。どの程度の負荷が材料に作用しているかの指標である。詳しくは「PEL材料力学」（実教出版）を参照してほしい。

5 3 平行な2力の合成とつり合い

剛体に2力が作用し，その力が平行でないときは，図5-1のようにそれぞれの作用線に沿って力を移動させ2力の交点Cに力がそれぞれ作用していると考えた。その合力は平行四辺形の対角線の長さで表される力Fである。このように力が平行でない場合は合力を求め，その合力と大きさが同じで向きが反対の力$-F$を加えると剛体に働く合力はゼロとなり，力が働いていないことと同じになり，つり合っている*3。

それでは，作用線に沿って力を移動させても交点のない，力が平行に作用する場合の合力はどのように求めたらよいだろうか。作用線上に力

*3
工学ナビ
平行でない力がつり合っているとき3力は必ず一点で交わる。

を移動させてもその効果は同一であるので，一本の剛体棒に垂直に作用
していると考える。まず，同方向に力が作用する場合を考える。その様
子を図5-5(a)に示す。

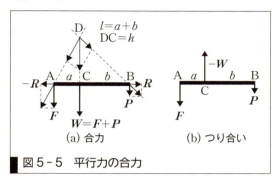

図5-5 平行力の合力

$l = a + b$の長さの剛体にFとPが作用している。その大きさをF
とPとする。FとPは平行なので$-R$とRをそれぞれに加え，その
合成力を交点であるDでさらに合成する。水平方向の力Rと$-R$はお
互いに消え$W = F + P$となり，その大きさは$W = F + P$である。
その力を作用線上に沿って移動させ，点A，点Bを結んだ線との交点
Cまで移動する。これが合力である。ここで，$R/F = a/h$，R/P
$= b/h$，よって$a/b = P/F$となる。つまり点Cは，$\overline{AB}$の$P:F$の
内分点として与えられる。これより，合力は点A，点Bにかかる力の
逆比の内分点に2力の合計が作用すると考えられる。

この点Cに$-W$の力を作用させると剛体ABはつり合うこととなる。
では，この点Cとはどのような点だろうか。$a/b = P/F$より
$aF = bP$である。つまり点CにおいてFによる反時計まわりとPに
よる時計まわりのモーメントは等しくなっている。この点に
$W = F + P$を合力と反対に上向きに作用させれば図5-5(b)のよう
になり，剛体ABは力とモーメントがともにつり合う。つまり剛体に
働く力，剛体を回転させようとするモーメントともにゼロとなり，平行
移動もしないし，回転もせず静止する。そのような点が点Cである*4。

次に，同じく力は平行に働くが，方向が反対の場合を考える。力の作
用の様子を図5-6に示す。先ほどと同様，点AにFの力，点BにP
の力が反対方向に働く。これらの力に$-R$，Rの力を加え，作用線上
を移動し，両作用線の交点Dで，合力を求める。すると，合力
$W = F - P$というF，Pと平行な力になる。これをWの作用線上に
移動させ点Cに働いているものと考える。すると図(a)より$R/F =$
a/h，$R/P = b/h$，よって$a/b = P/F$となり，点Cは$\overline{AB}$を$P:F$
に外分する点として与えられる。先ほどの同一方向の平行な力と同様，
$aF = bP$である。つまり点Cにおいて，Fによる時計まわりとPによ
る反時計まわりのモーメントは等しくなっている。

*4
Let's TRY!!
点A，点Bでもモーメント
がゼロとなることを自分で確
かめよう。

5-3 平行な2力の合成とつり合い

したがって，点Cに$-W$を，合力Wと反対の上向きに作用させれば図5-6(b)のようになり，剛体ABは力とモーメントが同時につり合う。剛体に働く力，剛体を回転させようとするモーメントともにゼロとなり，平行移動もしないし，回転もせず静止する。そのような点が点Cである[*5]。

点A，点Bでもモーメントがゼロとなることを自分で確かめよう。

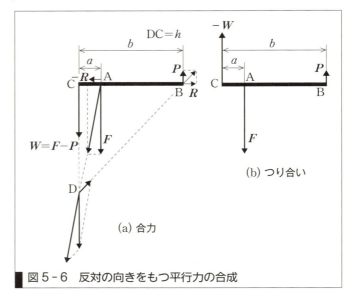

■図5-6　反対の向きをもつ平行力の合成

5 4　剛体に働く力のつり合い

　剛体に力が働いている場合につり合うということは，合力とモーメントともにゼロとなることであるということを前節で説明した。しかしこれは前節の説明のように3力に限ったことではなく，力がいくつ働いていてもかまわない。また二次元に限ったことでもなく，三次元でもかまわない。つまり，x，y，zの3方向のそれぞれの合力がすべてゼロで，x軸まわり，y軸まわり，z軸まわりのモーメントがそれぞれすべてゼロであれば，剛体は平行移動もせず，回転もしない。これをつり合っているというのである。

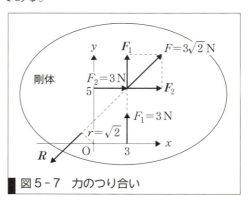

■図5-7　力のつり合い

たとえば図5-7のように，原点Oよりx方向に3m離れたところに3Nの力F_1が，y方向に5mのところに3Nの力F_2が働いている。それは(3, 5)の位置に(3, 3)の合力Fが働くのと同じである。この合力と方向が反対で，大きさが同じRがFの作用線上に働けば剛体はつり合う。これを式で書くと

力のつり合い式： $F_1 + F_2 + R = 0$　　　　　　　　　5-1

つまり　$(3, 0) + (0, 3) + (R_x, R_y) = 0$

よって　$R = (-3, -3)$

次にN_1をF_1によるモーメント，N_2をF_2によるモーメント，N_RをRによるモーメントとすると

モーメントのつり合い式：$N_1 + N_2 + N_R = 0$　　　　　5-2

つまり　$3 \times 3 - 5 \times 3 + N_R = 0$　より

$N_R = 6 \, \mathrm{Nm}$

これより，$N_R = r|R| = r \cdot 3\sqrt{2}$　より　$r = \sqrt{2}$　となり，$R = (-3, -3)$の力が6 Nmのモーメントを発生させるように，原点Oから$r = \sqrt{2}$離れた作用線上に働くことを示している。

力のつり合い式よりRが求められ，モーメントのつり合い式よりRの作用線がモーメントを計算する中心からどれだけ離れているかが求められる。

次の例題5-1の点Aまたは点Bで示すように，支点に対し種々な支え方がある。図5-8に本書に出てくる主な支持方法を一覧にて示す。今後の問題などで出てくるので覚えておこう[*6]。

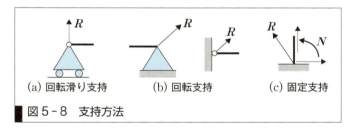

図5-8　支持方法

[*6] 工学ナビ

上の写真は高速道路の支柱と道路床面の接続部である。支柱は床面を回転滑り支持し，地面は支柱を固定支持していることがわかる。

(a) 回転滑り支持

　ピン＆ローラー支持ともいわれ，壁面に垂直方向の反力のみ発生。

(b) 回転支持

　ピン支持ともいわれ，壁面に垂直，平行な反力が発生。

(c) 固定支持

　部材を完全に固定して，壁面に垂直，平行な反力のほかモーメントも発生。

例題 5-1 図5-9に示すように,剛体ABに力が作用している。点A,点Bにおける反力を求めよ。

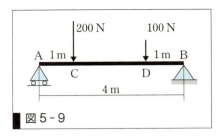

図5-9

解答 点A,点Bにおける反力を,鉛直上向きにR_A, R_Bとすると,
上下方向の力のつり合い式:
$$R_A + R_B - 200 - 100 = 0 \qquad 5-3$$
点Bまわりのモーメントのつり合い式:
$$1 \times 100 + 3 \times 200 - 4 \times R_A = 0 \qquad 5-4$$
以上,式5-3,式5-4より $R_A = 175$ N, $R_B = 125$ N

演習問題　A　基本の確認をしましょう

5-A1 図アのように,長さ8mの剛体に100 N, F, Rが作用し,つり合っている。力の大きさF, Rを求めよ。

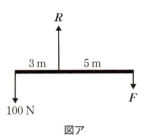

図ア

5-A2 図イのように(3, 3)の位置に(2 N, 3 N)の力が作用している平面剛体がある。原点Oまわりに作用するモーメントを求めよ。

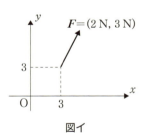

図イ

5-A3 図ウに示すような四角の剛体に8Nと3Nの力が作用している。これらの力とつり合うように1つの力を作用させ,その大きさと位置を求めよ。

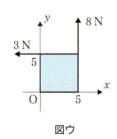

図ウ

5-A4 図エに示すような4mの剛体の両端にそれぞれ200 N, 100 N の力が作用し，点A，点Bで支えられている。点A，点Bでの反力を求めよ。

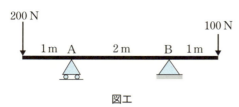

図エ

演習問題 B　もっと使えるようになりましょう

5-B1 図オのように壁面に剛体がピン支持された3mの剛体がある。その剛体は壁面から2mの位置で，ひもで水平に支えられている。ひもと剛体の角度は30°である。先端に100 Nの力を作用させた。ひもの張力と点Bでの壁面反力を求めよ。

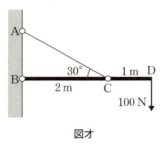

図オ

5-B2 図カのように壁に長さlの野球のバットがθの角度で立てかけてある。lの中心にmgの重さがかかっていると考える。垂直壁は摩擦がなく，水平面の摩擦係数はμである。μとθの関係を求めよ。θがρになったときバットは滑って立っていられなくなった。最大静止摩擦係数をρで表せ。

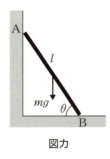

図カ

5-B3 図キに示すように壁面に曲がった剛体ABCが固定され，点Cと点Dに力が作用している。点Aにおける壁面反力を求めよ。

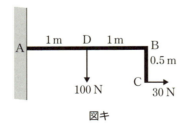

図キ

5-B4 図クのように段付き円柱の巻き上げ機がある。円Aは半径100 cm，円Bは半径400 cmである。このとき，最大巻き上げ質量を求めよ。また円柱中心に設置してあるベアリングの反力の大きさと方向を求めよ。

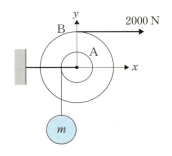

図ク

あなたがここで学んだこと

この章であなたが到達したのは
- □力のモーメントの意味を理解し計算できる
- □偶力の意味を理解し，偶力モーメントを計算できる
- □着力点の異なる力のつり合い条件を説明できる
- □剛体のつり合いに関する問題が解ける

本章を理解することにより，材料にかかる力を計算し，材料力学の基礎となる各部材に作用している力が計算できるようになる。

本章では剛体にいくつかの力が働いている際に，剛体が静止するときつり合いが成立していて，つり合っているときは，力のつり合いとモーメントのつり合いが同時に成り立つ必要があることを学んだ。これにより，静力学や材料力学の，各部材を支えている点においていかほどの力が発生しているかが計算できるようになる。力の大きさがわかれば，材料の内部に発生している応力や，後ろの章で学習する運動の計算に応用することができる。

6章

重心と分布力

　自動車の宣伝に「低重心」という言葉が使われていたり，スポーツをするときに「重心を低く」とアドバイスされたり，日常的に「重心」という言葉が使われている。では，重心が低いとどうなるのか。

　自動車では重心を低くすることでコーナリング時の姿勢が安定し，4輪がしっかりと路面をグリップした状態で，高速で旋回することができる。また，スキーのジャイアントスラローム競技などでは，高速でターンするときに外側に向けて強い遠心力が働くため，体の重心を低くしておかないと，その力に対抗できずに外側に飛ばされ，転倒してしまう。

図A　低重心の自動車
（提供：トヨタ自動車株式会社）

図B　ジャイアントスラローム競技

　このように，重心を低くすることで，旋回するときに安定性が増したり，転倒しにくくなったりすることを我々は経験的に知っている。

　これらを工学的な視点で分析したり，物体の運動の安定性を議論したりするには，重心の位置を正確に求め，知っておく必要がある。

● この章で学ぶことの概要

　物体のつり合いや安定，さらに運動などを考えるとき，その物体の質量中心である「重心」を把握することが重要である。本章では，重心の位置の求め方や物体の安定性との関係を学ぶ。また，ある範囲に分布する力と等価な集中力の求め方や，静止流体における圧力と浮力の考え方についても学ぶ。

> 予習　授業の前にやっておこう!!

1. 図aに示す平行力の合力の向きと大きさ，およびその合力がかかる位置を求めよ。【6-1節に関連】

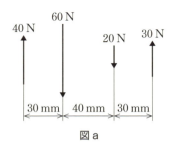

図a

6　1　重心

6-1-1　重心

図6-1に示すほうきのような物体でも，ある一点でバランスをとって支えることができる。この支点となる点Gをこの物体の**重心**（center of gravity）という。重心は物体の重さが一点に集中したときの点であり，物体の質量[*1]もこの一点に集中していると考えることができる。

[*1] **工学ナビ**

質量と重さ（重量）
質量は物体固有の不変な値であり，重さ（重量）はその物体に加わる重力，すなわち物体に働く地球の引力のことである。質量 m [kg] の物体の重さ m [kgf] は，物体に働く重力 mg [N] に等しい（3-3節を参照）。

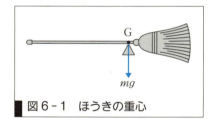

図6-1　ほうきの重心

図6-2に示すように，質量 m の物体を微小質量部分 m_1, m_2, m_3, …に分割して考えると，微小な各部分にはそれぞれ重力 m_1g, m_2g, m_3g, …が作用している。これらの力は地球の中心に向かう力であるが，すべて平行であるとみなすことができる。これら平行力の合力 mg の作用点が重心であり，物体の姿勢が変わっても，重心の位置は変化しない。

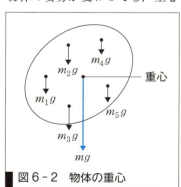

図6-2　物体の重心

物体の重心の位置は、図6-3に示すように、物体の任意の2点を糸でつるして見つけることができる。まず、物体の任意の点Aを糸でつるして物体が静止したとき、重心は糸の延長線上、すなわち点Aの鉛直線上にある。次に任意の点Bを糸でつるして静止したとき、点Bの鉛直線と先ほどの点Aの鉛直線との交点が重心となる。その他の任意の点でつるしても交点は同一となる[*2]。

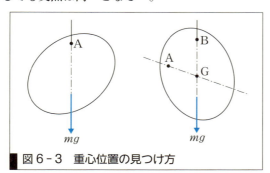

図6-3　重心位置の見つけ方

[*2] **Let's TRY!!**
身近にある板状の物を糸でつるして、重心を見つけてみよう。

自動車などの重心の高さを求める場合、図6-4に示すように自動車の車輪をもち上げる傾斜測定法が用いられることがある[*3]。自動車の車輪の半径をR、ホイールベース（前輪軸と後輪軸との距離）をL、総重量をWとし、自動車が水平のときに前輪軸にかかる荷重をW_1、後輪軸にかかる荷重をW_2とする。次に、前輪を高さhだけもち上げたときの前輪軸にかかる荷重をW_1'とすると、重心の高さHは次式で求めることができる。

$$H = R + \frac{L(W_1 - W_1')\sqrt{L^2 - h^2}}{Wh} \quad 6\text{-}1 [*4]$$

[*3] **Let's TRY!!**
体重計を2台使って、自転車の重心位置を求めてみよう。

[*4] **WebにLink**
式6-1を導出してみよう！

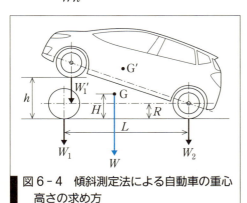

図6-4　傾斜測定法による自動車の重心高さの求め方

6-1-2 立体の重心

図6-5に示すように、重力がz軸下方向に働くとして、微小質量部分m_1、m_2、m_3、…に作用する重力をそれぞれm_1g、m_2g、m_3g、…、それら微小質量部分の重心の座標を(x_1, y_1, z_1)、(x_2, y_2, z_2)、(x_3, y_3, z_3)、…とすると、合力の大きさは、次式のようになる。

6-1　重心　73

$$mg = m_1g + m_2g + m_3g + \cdots = \sum m_i g \qquad 6\text{-}2$$

物体の重心の座標を $G(x_G, y_G, z_G)$ として，y 軸まわりの各モーメント[*5]を考えると，

$$m_1 g x_1 + m_2 g x_2 + m_3 g x_3 + \cdots = m g x_G \qquad 6\text{-}3$$

となる。

同様に，x 軸まわりの各モーメントを考えると，

$$m_1 g y_1 + m_2 g y_2 + m_3 g y_3 + \cdots = m g y_G \qquad 6\text{-}4$$

となる。

次に，物体と座標軸の関係を保ったまま回転させて，重力が y 軸方向に働くとして x 軸まわりの各モーメントを考えると，

$$m_1 g z_1 + m_2 g z_2 + m_3 g z_3 + \cdots = m g z_G \qquad 6\text{-}5$$

となる。

以上より，重心の座標は，

$$x_G = \frac{m_1 g x_1 + m_2 g x_2 + m_3 g x_3 + \cdots}{mg} = \frac{\sum m_i x_i}{m} \qquad 6\text{-}6$$

$$y_G = \frac{m_1 g y_1 + m_2 g y_2 + m_3 g y_3 + \cdots}{mg} = \frac{\sum m_i y_i}{m} \qquad 6\text{-}7$$

$$z_G = \frac{m_1 g z_1 + m_2 g z_2 + m_3 g z_3 + \cdots}{mg} = \frac{\sum m_i z_i}{m} \qquad 6\text{-}8$$

で与えられる[*6]。

[*5] **工学ナビ**
モーメント
物体をある軸まわりに回転させる能力は，力の大きさと回転軸から作用線までの距離に比例する。この 2 つの積を力のモーメントという（5-2 節を参照）。本書では単にモーメントとして扱う。

[*6] **＋α プラスアルファ**
ここで，微小面積部分を極限まで小さくして，積分を用いて表すと，

$$x_G = \frac{\int_m x\,dm}{m}$$

$$y_G = \frac{\int_m y\,dm}{m}$$

$$z_G = \frac{\int_m z\,dm}{m}$$

となる。また，物体が均質で密度が一定の場合，密度を ρ，体積を V とすると，$m = \rho V$，$dm = \rho dV$ であるから，

$$x_G = \frac{\int_V x\,dV}{V}$$

$$y_G = \frac{\int_V y\,dV}{V}$$

$$z_G = \frac{\int_V z\,dV}{V}$$

と表すこともできる。

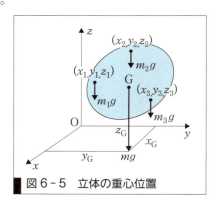

図 6-5　立体の重心位置

例題 6-1　同一の材質で作られた図 6-6 に示すような物体の重心を求めよ。

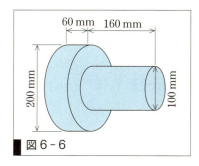

図 6-6

解答

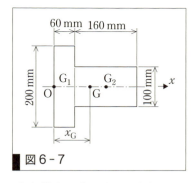

図6-7

物体の重心は中心軸上にあるため，図6-7のように中心軸上に x 軸をとり，左端点 O からの重心までの距離を x_G とする。重力が鉛直下方向に働くとして点 O まわりの各モーメントを考えると，

$$x_G = \frac{\left(\frac{\pi}{4}\times 200^2 \times 60\right)\times 30 + \left(\frac{\pi}{4}\times 100^2 \times 160\right)\times 140}{\left(\frac{\pi}{4}\times 200^2 \times 60\right) + \left(\frac{\pi}{4}\times 100^2 \times 160\right)} = 74 \text{ mm}$$

となる。

したがって，重心は中心軸上の点 O から，x 軸方向に 74 mm のところにある。

6-1-3 平面図形の重心

均質で厚さが一定の平板の場合，微小部分に作用する重力の大きさは，微小部分の面積に比例する。図6-8に示すような面積 A の平板を考え，微小面積部分 A_1, A_2, A_3, …の座標を (x_1, y_1), (x_2, y_2), (x_3, y_3), …とすると，重心の座標は，

$$x_G = \frac{\sum x_i A_i}{\sum A_i} \qquad 6-9$$

$$y_G = \frac{\sum y_i A_i}{\sum A_i} \qquad 6-10$$

となる[*7]。

平面図形の場合，厚みがなく重さを考えることができないので，この座標で表される点は，**図心** (centroid) と呼ばれる。

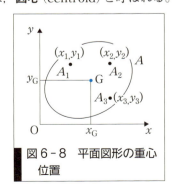

図6-8 平面図形の重心位置

[*7] **＋α プラスアルファ**

ここで，微小面積部分を極限まで小さくして，積分を用いて表すと，

$$x_G = \frac{\int_A x dA}{\int_A dA} = \frac{\int_A x dA}{A}$$

$$y_G = \frac{\int_A y dA}{\int_A dA} = \frac{\int_A y dA}{A}$$

と表すこともできる。

例題 6-2 図6-9に示すような長方形に穴が空いている図形の図心を求めよ。

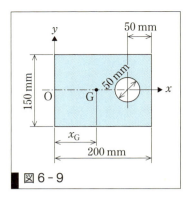

図6-9

[解答] 図のように座標軸をとると，x軸に対して対称であるから，重心はx軸上にある。y軸まわりの各モーメントを考えると，穴のない長方形のモーメントから穴の部分のモーメントを引いたものと等しくなるため，

$$x_G = \frac{200 \times 150 \times 100 - \frac{\pi \times 50^2}{4} \times 150}{200 \times 150 - \frac{\pi \times 50^2}{4}} = 96.5 \text{ mm}$$

となる。したがって，図心は図中の点Oから，x軸方向に96.5 mmのところにある。

*8
Let's TRY!!
表6-1の簡単な図形の重心を2-4節で学んだ積分法を用いて求めてみよう！
WebにLink

表6-1 簡単な図形の重心*8

線分	O—G—, 長さ l, x_G	$x_G = \dfrac{l}{2}$
円弧	半径 r, 角 α, y_G	$y_G = \dfrac{2r}{\alpha}\sin\dfrac{\alpha}{2}$
三角形	高さ h, y_G	$y_G = \dfrac{1}{3}h$ 3つの中線の交点
平行四辺形	高さ h, y_G	$y_G = \dfrac{1}{2}h$ 対角線の交点
台形	上底 a, 下底 b, 高さ h, y_G	$y_G = \dfrac{1}{3}\left(\dfrac{a+2b}{a+b}\right)h$
扇形	半径 r, 角 α, y_G	$y_G = \dfrac{4r}{3\alpha}\sin\dfrac{\alpha}{2}$

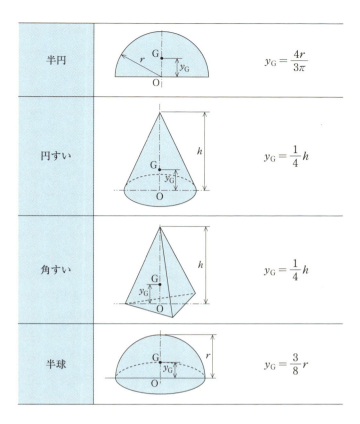

半円		$y_G = \dfrac{4r}{3\pi}$
円すい		$y_G = \dfrac{1}{4}h$
角すい		$y_G = \dfrac{1}{4}h$
半球		$y_G = \dfrac{3}{8}r$

6・2 分布力

6・2・1 分布力の合力

物体の表面や体積のある範囲に広がりをもって分布して作用する力や荷重を，**分布力**（distributed force）あるいは**分布荷重**（distributed load）という。これに対し，一点に作用している力や荷重を**集中力**（concentrated force）あるいは**集中荷重**（concentrated load）という。

図 6-10 に任意の分布力を受ける単純支持はりを示す。点 O から x の位置に作用する分布力を $w(x)$ として，この分布力と等価な集中力を考えてみよう。分布力と等価な集中力を F とすると，その大きさは分布力の総和と等しいので次式で表される。

$$F = \int_0^l w(x)dx \qquad 6-11$$

次に，等価な集中力 F の作用する位置 x_F を求める。点 O まわりのモーメントを考えると，

$$x_F F = \int_0^l x w(x)dx \qquad 6-12$$

となる。したがって，F の作用する位置 x_F は次式で与えられる。

$$x_F = \frac{\int_0^l xw(x)dx}{F} = \frac{\int_0^l xw(x)dx}{\int_0^l w(x)dx} \qquad 6-13$$

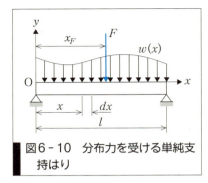

図6-10　分布力を受ける単純支持はり

図6-11に均等な分布力を受ける単純支持はりを示す。この分布力と等価な集中力をFとすると，Fははりの中央に作用するため，

$$x_F = \frac{l}{2} \qquad 6-14$$

となる。支点反力R_AとR_Bは等しくなり，次のように表すことができる。

$$R_A = R_B = \frac{F}{2} \qquad 6-15$$

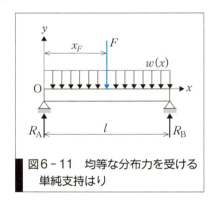

図6-11　均等な分布力を受ける単純支持はり

例題 6-3　図6-12に示すように三角形状の分布力を受ける単純支持はりがある。この分布力と等価な集中力の位置と支点反力R_AとR_Bを求めよ。

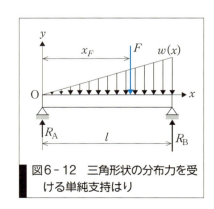

図6-12　三角形状の分布力を受ける単純支持はり

解答 三角形要素の重心は，三角形の底辺から 1/3 の高さの位置にある（p.76 の表 6-1 参照）ため，この分布力と等価な集中力の位置は，次式で表される。

$$x_F = \frac{2}{3} l$$

支点反力 R_A と R_B の大きさの和は，分布力と等価な集中力の大きさと等しくなるため，

$$R_A + R_B = F$$

となる。また，点 O まわりの各モーメントを考えると，

$$l R_B = x_F F$$

の関係がある。

したがって，支点反力 R_A と R_B は，

$$R_A = \frac{1}{3} F$$

$$R_B = \frac{2}{3} F$$

となる。

6-2-2 静止流体による力

物体に作用する分布力は，固体の重力によるもののほか，液体や気体の圧力によるものがある。ここでは，静止している流体による圧力と浮力について考える。

静止流体の液面から深さ h における圧力 p は次のようにして求めることができる[*9]。

図 6-13 に示すように，静止流体の高さ方向に z 軸をとり，流体中に断面積 dA，高さ dz の微小領域を考える。この微小領域の下面に作用する上向きの力は $p\,dA$，上面に作用する下向きの力は $(p+dp)dA$，微小領域に作用する重力は，流体の密度を ρ とすると，$\rho g\,dA\,dz$ である。微小領域は平衡状態にあるので，これらの力の総和はゼロとなる[*10]。したがって，

$$p\,dA - (p+dp)dA - \rho g\,dA\,dz = 0 \qquad 6-16$$

$$dp = -\rho g\,dz \qquad 6-17$$

の関係が得られ，dz が正となって高さが増すとき，圧力が減少することがわかる。

(b) のように高さ z_1 および z_2 における圧力をそれぞれ p_1 および p_2 とし，密度を一定として式 6-17 を積分すると，

$$p_2 - p_1 = -\rho g (z_2 - z_1) \qquad 6-18$$

となる。

[*9] **工学ナビ**
圧力とは，物体の表面を垂直に押す力であり，単位は Pa（パスカル）を用いる。1 Pa = 1 N/m² である。

[*10] **工学ナビ**
力学における平衡状態とは，物体に作用するすべての力の合力とモーメントの和がともにゼロである状態をいう。

よって，大気圧 p_a に開放された液面から，深さ h における圧力は，
$$p = p_a + \rho g h \qquad 6\text{-}19$$
と表すことができる[11]。

プラスアルファ

パスカルの原理
密閉容器の中に入れられた静止流体（液体や気体）の圧力は，あらゆる地点で等しくなる。

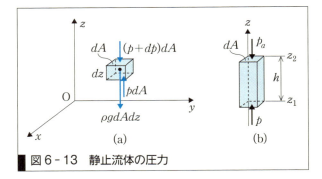

図6-13　静止流体の圧力

例題 6-4　深さ1000 mの海中における圧力を求めよ。ただし，海水の密度を $\rho_w = 1000 \text{ kg/m}^3$，大気圧を $p_a = 0.1 \text{ MPa}$ とする。

解答　式6-19より
$$p = p_a + \rho_w g h$$
$$= 0.1 \times 10^6 + 1000 \times 9.8 \times 1000 = 9.9 \times 10^6 \text{ Pa} = 9.9 \text{ MPa}$$

深さ1000 mの海中の圧力は，大気圧の約100倍あることがわかる。深海潜水艇などはこの圧力に耐えられるように設計されている。

次に，図6-14に示すような物体が静止流体中にある場合を考える。この物体には，上面より下面のほうが高い圧力が作用しており，物体を浮き上がらせようとする上向きの力が働く。これを**浮力**（buoyancy）という。

式6-19より，物体の下面に作用する圧力を $p_1 = p_a + \rho g z_1$，上面に作用する圧力を $p_2 = p_a + \rho g z_2$ とすると，物体に働く浮力 F は，
$$F = (p_1 - p_2)A = \rho g (z_2 - z_1) A \qquad 6\text{-}20$$
となる。

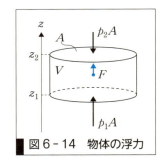

図6-14　物体の浮力

物体の体積 V は，$V = (z_2 - z_1)A$ であるので，式6-20は，
$$F = \rho g V \qquad 6\text{-}21$$
と表すことができる。

これは，浮力の大きさは常に，物体が押しのけた流体の重さに等しいことを意味しており，**アルキメデスの原理**（Archimedes' principle）と呼ばれる[12]。

アルキメデスの原理
伝説によると，アルキメデスはヒエロン王から王冠を壊さずに純金で作られているか，混ぜ物がしてあるかを調べるよう命じられた。アルキメデスは，ある日，風呂に入ったときにお湯があふれるのを見て，答えに到達したといわれている。

例題 6-5 図6-15に示すように，体積 V_i の氷の塊が水の中に浮いているとき，水面上にある氷の割合を求めよ。ただし，氷の密度を $\rho_i = 917 \text{ kg/m}^3$，周囲の水の密度を $\rho_w = 1000 \text{ kg/m}^3$ とする。

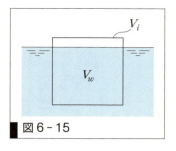

図6-15

解答 氷の塊の重さ W は，

$$W = \rho_i g V_i$$

である。

上向きの浮力 F は，氷の塊が排除した水の重さに等しいため，水面下にある氷の体積を V_w とすると，

$$F = \rho_w g V_w$$

で表される。

氷の重さと浮力がつり合っていることから，

$$\rho_i g V_i = \rho_w g V_w$$

とできる。よって，水面下にある氷の割合は，

$$\frac{V_w}{V_i} = \frac{\rho_i}{\rho_w}$$

である。したがって，水面上にある氷の割合は，

$$1 - \frac{\rho_i}{\rho_w} = 1 - \frac{917}{1000} = 0.083$$

と計算され，8.3％となる。

6-3 物体の安定

平面上に置かれている物体には，重力 W と平面からの反力 R が働いている（図6-16）。両者が同一作用線上にない場合，偶力[*13]により物体は回転する。この回転の向きが，物体をもとの状態に戻そうとする向きのときを**安定**（stable）な状態といい，もとの状態に戻らない向きのときを**不安定**（unstable）な状態という。すなわち，物体を少し傾けたとき，重心の位置が最初より高くなるのが安定な状態，重心の位置が最初より低くなるのが不安定な状態である。球のように常に重心の位置が変わらないときを**中立**（neutral）の状態という。

図6-17に示すような平面上にある直方体の物体を，点Oまわりに回転させる場合を考える。物体の重心を通る鉛直線がその物体の基底部分内にあるときには，物体の重さ W と反力 R の偶力のモーメントにより，物体はもとの状態に戻ろうとする。

[*13] 偶力については，5-2節参照。

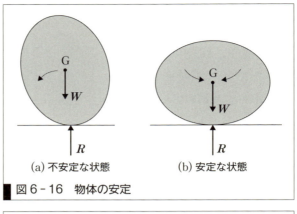

図6-16 物体の安定

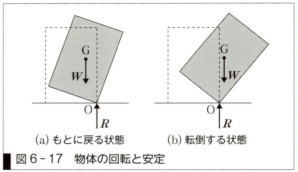

図6-17 物体の回転と安定

　物体の重心を通る鉛直線が反力 R と同一線上になるまで物体が回転したとき，重心の位置は最も高くなり，この状態を超えると物体の重さ W と反力 R の偶力のモーメントは前の状態と反対向きとなり，物体は反対側に転倒する。したがって，物体の基底部分が広く，重心の位置が低いほど，転倒するまでの回転角が大きくなり，転倒しにくくなる。

　次に，浮力をともなう船の安定について考える。図6-18のように船の重心 G には鉛直下向きに重力が働いており，浮力の中心（船が押しのけた液体の重心）C には鉛直上向きに浮力が働いている。

　船を平衡の状態から少しだけ傾けたとき，重心の位置は変わらないが，浮力の中心は C′ に移動する。このときの浮力の作用線と，平衡の位置での浮力の作用線との交点を M とし，この M を**メタセンター**（metacenter）という。

　この点 M が重心 G より上にあれば安定な状態であり，逆に下にあれば不安定な状態となる。

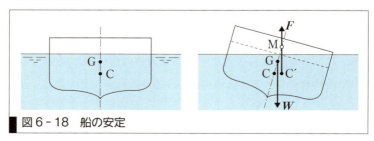

図6-18 船の安定

演習問題 A 基本の確認をしましょう

6-A1 同一の材質で作られた図アに示す物体の重心の位置を求めよ。

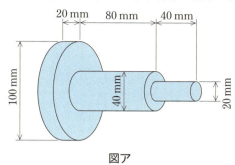

図ア

6-A2 図イに示すような厚さが一様なL形板の重心の位置 (x_G, y_G) を求めよ。

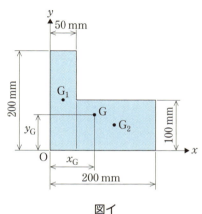

図イ

6-A3 図ウに示すように左側半分に等分布力を受ける単純支持はりがある。この分布力と等価な集中力の位置 x_F と支点反力 R_A と R_B を求めよ。

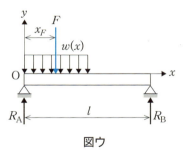

図ウ

6-A4 日本で一番深い湖は秋田県の田沢湖で，水深 423.4 m である。湖底における圧力を求めよ。ただし，水の密度を $\rho_w = 1000 \text{ kg/m}^3$，大気圧を $p_a = 0.1013 \text{ MPa}$ とする。

6-A5 一辺が 10 cm の立方体である金属製の物体を水中に沈めたとき，この物体に働く浮力を求めよ。

演習問題　B　もっと使えるようになりましょう

6-B1　図エに示す図形の図心の位置を求めよ。

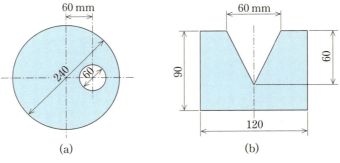

図エ

6-B2　図オのように幅 W の垂直のダムに高さ H まで水が満ちているとき、ダムに働く合力を求めよ。ただし、水の密度を ρ、重力加速度を g とする。

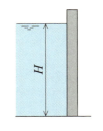

図オ

6-B3　図カのように半径 R の半球状の物体の上に、底面の半径が R、高さ H の同じ材質の円すい状の物体を取りつける。これらが半球状の物体を下にして安定な状態となる条件を求めよ。

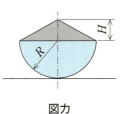

図カ

あなたがここで学んだこと

この章であなたが到達したのは
- □ 重心の意味を理解し、立体および平面の重心位置を求めることができる
- □ 分布力を理解し、分布力と等価な集中力を求めることができる
- □ 静止流体中の圧力と浮力を求めることができる
- □ 物体の安定と重心の関係を説明できる

本章では、重心の求め方について学んだ。重心は物体の重さが一点に集中したと考えたときの、物体を代表する点である。物体の運動や安定を解析するには、重心を正確に把握することが重要になるので、確実に身につけてほしい。

7章

直線運動と平面運動

図A　ロケットの打ち上げ
（提供：JAXA）

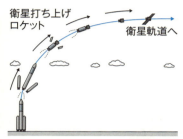

図B　衛星打ち上げロケットの軌道

　テレビニュースなどでロケット打ち上げの場面を見たことがある人は多いであろう。

　衛星打ち上げロケットは，何度も燃料タンクを切り離しながら上昇し，予定された高度に到達したところで，搭載されている人工衛星を切り離して衛星軌道に投入する。この間，ロケットの位置は時間とともに変化していくが，あらかじめ計算された軌道をできるだけ正確にトレースしていくように，ロケットの運動を制御する必要がある。

　それでは，運動するロケットの軌道を計算するためには，どうしたらよいだろうか。

　前章までは物体が静止しているときの力学について学んできたが，本章では物体が時間とともに移動しているとき，すなわち運動しているときの力学についての基礎を学ぶ。

●この章で学ぶことの概要

　物体の運動を表現するには，時間と位置の2つの要素が重要であり，これにより，どの位置において，どの方向に，どのような速さで動いているかを知ることができる。本章では，物体の運動を考えるときの基礎となる，物体の位置，速度，加速度と時間の関係について学ぶ。また，機械の運動でよくみられる直線運動および平面運動の計算方法についても学ぶ。

> **予習 授業の前にやっておこう!!**
>
> 2章で学んだ下記の項目を復習しておこう。
>
> 1. 三角関数の定義を説明せよ。(2-1節参照)【7-3節に関連】
> 2. ベクトルとスカラーの違いを説明せよ。(2-2節参照)【7-1節に関連】
> 3. 一次導関数, 二次導関数について説明せよ。(2-3節参照)【7-1節に関連】
> 4. 微分法と積分法の公式を確認しておこう。(2-3節, 2-4節参照)【7-2節, 7-3節に関連】

7　1　位置, 速度, 加速度

7-1-1 位置

質点の運動とは, 質点の位置が時間とともに変化することをいう。運動する質点が通った軌跡を**経路**(path)といい, 経路が直線の場合を**直線運動**(linear motion), 曲線の場合を**曲線運動**(curved motion)という。とくに経路が円である場合を**円運動**(circular motion)という。

図7-1に質点が点Bから点Cまで曲線運動する経路を示す。点Aを始点とするベクトル $AB = r$, $AC = r + \Delta r$ をそれぞれ点Bおよび点Cの**位置ベクトル**(position vector)という。このとき点Bから点Cへのベクトル $BC = \Delta r$ を**変位**(displacement)という[*1]。

*1 **+α プラスアルファ**
「変位」はベクトル量であるから, 大きさと方向をもつ。

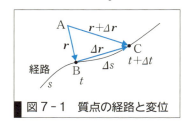

図7-1　質点の経路と変位

7-1-2 速度

図7-1において運動する質点が任意の時間 t のときに点Bにあり, その後時間 $t + \Delta t$ のときに経路上の点Cまで到達したとする。このとき, 点Bから点Cまでの経路の長さを Δs とすると, これを時間 Δt で割った値がこの間の平均の速さ $\bar{v}$ である。

$$\bar{v} = \frac{\Delta s}{\Delta t} \qquad 7\text{-}1$$

時間 Δt を限りなく小さくすると[*2], 点Cは点Bに限りなく近づき, $\bar{v}$ もある値 v に近づく。すなわち,

*2 ヒント
$\lim_{\Delta t \to 0} f(\Delta t)$ は, Δt を限りなくゼロに近づけたときの極限値を表す。
この関係は, 2-3-1項「導関数」を参照。

$$v = \lim_{\Delta t \to 0} \frac{\Delta s}{\Delta t} = \frac{ds}{dt} \qquad 7-2$$

と表され，この v を時間 t における**速さ** (speed) という。

図 7-1 に示したように運動の方向も考えると，時間 Δt の間の変位は $\mathbf{BC} = \Delta \boldsymbol{r}$ であり，速さと同様に $\Delta \boldsymbol{r}/\Delta t$ がこの間の平均の値である。Δt を限りなく小さくすると，点 B から点 C までの経路は $\Delta \boldsymbol{r}$ と等しいと考えられるから，

$$\boldsymbol{v} = \lim_{\Delta t \to 0} \frac{\Delta \boldsymbol{r}}{\Delta t} = \frac{d\boldsymbol{r}}{dt} \qquad 7-3$$

と表すことができる。この $\boldsymbol{v}$ を時間 t における**速度** (velocity) という[*3]。

変位がベクトル量であるから速度もベクトル量であり，その方向は点 B における経路の接線方向と一致する。また，速度 $\boldsymbol{v}$ の大きさは，

$$v = \lim_{\Delta t \to 0} \frac{|\Delta \boldsymbol{r}|}{\Delta t} = \lim_{\Delta t \to 0} \frac{\Delta s}{\Delta t} = \frac{ds}{dt} \qquad 7-4$$

となり，時間 t における速さと等しい。

[*3] **＋α プラスアルファ**
「速さ」は方向を考えないスカラー量であるが，「速度」は方向をもつベクトル量である。どちらも単位には，m/s や km/h が用いられる。

例題 7-1 自動車が直線道路を速度 60 km/h で走行しているとき，150 m 移動する時間を求めよ。

解答 $t = \dfrac{150}{\dfrac{60 \times 10^3}{3600}} = 9 \text{ s}$

7-1-3 加速度

図 7-2(a) に示すように，時間 t における速度を $\boldsymbol{v}$，時間 $t + \Delta t$ における速度を $\boldsymbol{v} + \Delta \boldsymbol{v}$ とする。速度は曲線の接線方向に向きをもつので，図 7-2(b) のようにこれらの矢印の始点を任意の点 A′ に一致させると，矢印先端は時間 Δt の間に $\Delta \boldsymbol{v}$ だけ向きを変えたことになる。このとき，時間に対する速度の変化率 $\Delta \boldsymbol{v}/\Delta t$ がこの間の平均の加速度であり，時間 t における**加速度** (acceleration) は，

$$\boldsymbol{a} = \lim_{\Delta t \to 0} \frac{\Delta \boldsymbol{v}}{\Delta t} = \frac{d\boldsymbol{v}}{dt} = \frac{d}{dt}\left(\frac{d\boldsymbol{r}}{dt}\right) = \frac{d^2 \boldsymbol{r}}{dt^2} \qquad 7-5$$

と表すことができる。速度と同様に，加速度もベクトル量であり，その方向は $\Delta \boldsymbol{v}$ の方向に一致する[*4]。

図 7-3 のように，経路上の各点 $s_1 \sim s_4$ における速度ベクトルの始点を任意の点 A′ にすべて一致させて，矢印先端が描く軌跡を曲線で示したものを**ホドグラフ** (hodograph) という。この曲線の接線は加速度の方向を意味し，速度の時間的変化を直感的に把握することができる。

直線運動の場合，速度の方向が変化しないので，加速度の方向も一定であり，加速度 $\boldsymbol{a}$ の大きさは，次式のようになる。

[*4] **＋α プラスアルファ**
加速度の単位には，m/s^2 が用いられる。

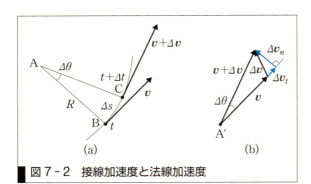

図7-2 接線加速度と法線加速度

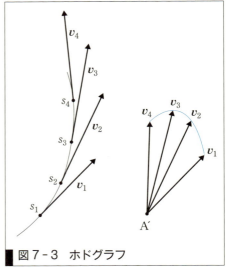

図7-3 ホドグラフ

$$a = \frac{dv}{dt} = \frac{d}{dt}\left(\frac{ds}{dt}\right) = \frac{d^2s}{dt^2} \qquad 7-6$$

曲線運動の場合，速度 v の方向は変わるため，加速度の方向は速度の方向と一致するとは限らない。図7-2(b)に示すように，Δv を点 B での接線方向成分 Δv_t と法線方向成分 Δv_n に分解すると，**接線加速度**（tangential acceleration）a_t および**法線加速度**（normal acceleration）a_n は次式で表される[*5]。

*5 ＋α プラスアルファ
接線加速度は進む速さを変える加速度，法線加速度は進む方向を変える加速度と考えることができる。

$$\boldsymbol{a}_t = \lim_{\Delta t \to 0} \frac{\Delta \boldsymbol{v}_t}{\Delta t} \qquad 7-7$$

$$\boldsymbol{a}_n = \lim_{\Delta t \to 0} \frac{\Delta \boldsymbol{v}_n}{\Delta t} \qquad 7-8$$

点 B における曲率半径を R，$\angle$BAC を $\Delta\theta$ とすると，

$$\lim_{\Delta\theta \to 0} \frac{\Delta s}{\Delta\theta} = \frac{ds}{d\theta} = R \qquad 7-9$$

であるので，接線加速度，法線加速度の大きさ a_t, a_n は，

$$a_t = \lim_{\Delta t \to 0} \frac{\Delta v_t}{\Delta t} = \lim_{\Delta t \to 0} \frac{(v+\Delta v)\cos\Delta\theta - v}{\Delta t} = \lim_{\Delta t \to 0} \frac{\Delta v}{\Delta t} = \frac{dv}{dt} \qquad 7-10$$

$$a_n = \lim_{\Delta t \to 0} \frac{\Delta v_n}{\Delta t} = \lim_{\Delta t \to 0} \frac{(v+\Delta v)\sin\Delta\theta}{\Delta t} = \lim_{\Delta t \to 0} \frac{v\Delta\theta}{\Delta t} = \lim_{\Delta t \to 0} \frac{v\Delta\theta}{\Delta s}\frac{\Delta s}{\Delta t} = \frac{v^2}{R} \qquad 7-11$$

となる[*6]。

*6 ヒント
$\cos\Delta\theta = \dfrac{v+\Delta v_t}{v+\Delta v}$
$\sin\Delta\theta = \dfrac{\Delta v_n}{v+\Delta v}$
の関係を用いる。また，$\Delta\theta$ が微小であるので，$\cos\Delta\theta \approx 1$, $\sin\Delta\theta \approx \Delta\theta$ と考える。

したがって加速度の大きさは，式7-10，式7-11より

$$a = \sqrt{a_t^2 + a_n^2} = \sqrt{\left(\frac{dv}{dt}\right)^2 + \left(\frac{v^2}{R}\right)^2} \qquad 7-12$$

と表せる。

さらに，時間 t における加速度を $\boldsymbol{a}$，時間 $t + \Delta t$ における加速度を $\boldsymbol{a} + \Delta \boldsymbol{a}$ とすると，時間に対する加速度の変化率は $\Delta \boldsymbol{a}/\Delta t$ となり，その極限値 $\boldsymbol{j}$ を，

$$\boldsymbol{j} = \lim_{\Delta t \to 0} \frac{\Delta \boldsymbol{a}}{\Delta t} = \frac{d\boldsymbol{a}}{dt} = \frac{d}{dt}\left(\frac{d\boldsymbol{v}}{dt}\right) = \frac{d^3 \boldsymbol{r}}{dt^3} \qquad 7-13$$

と表すことができる．これを**躍度**もしくは**加加速度**（jerk）という．加速度と同様に，加加速度もベクトル量である[*7, *8]．

[*7] **+α プラスアルファ**
躍度（加加速度）の単位には，m/s^3 が用いられる．

[*8] **工学ナビ**
乗り物の躍度（加加速度）が大きいと不快に感じることがある．このため，エレベーターなどでは躍度（加加速度）が小さくなるよう制御されている．

例題 7-2 直線道路を走行している自動車のある時刻の速度が 10 m/s，その 2 秒後の速度が 15 m/s であったとき，この自動車の加速度と進行方向を求めよ．

解答 加速度の大きさは，

$$a = \frac{15 - 10}{2} = 2.5 \text{ m/s}^2$$

となる．加速度の方向は進行する方向と同じである．

7・2 質点の直線運動

質点の経路が直線の直線運動について考える．直線運動の場合，速度および加速度の方向は同一であり，直線経路 s の方向と一致する．速度および加速度の大きさ v, a は，

$$v = \frac{ds}{dt} \qquad 7-14$$

$$a = \frac{dv}{dt} = \frac{d^2 r}{dt^2} = \frac{d^2 s}{dt^2} \qquad 7-15$$

となる．

とくに，速度が一定の直線運動を**等速度直線運動**（uniform linear motion），加速度が一定の直線運動を**等加速度直線運動**（uniform acceleration linear motion）という．

等速度直線運動の場合，加速度はゼロである．一定の速度を v_0，最初の変位を s_0，時間 t 後の変位を s とすると，次のように表せる．

$$\frac{ds}{dt} = v_0 \qquad 7-16$$

$$ds = v_0 dt \qquad 7-17$$

式 7-17 を時間ゼロから t まで積分すると，

$$s = s_0 + \int_0^t v_0 dt = s_0 + v_0 t \qquad 7-18$$

となる．

図7-4に示すように，変位と時間は直線の関係になり，この直線の傾き$\tan\theta$が一定な速度v_0の大きさを表していることがわかる。

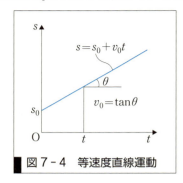

図7-4　等速度直線運動

等加速度直線運動の場合，一定の加速度aが働いて，初速v_0が時間t後に速度vになったとすると，次のように表せる。

$$\frac{dv}{dt} = a \qquad 7-19$$

$$dv = adt \qquad 7-20$$

式7-20を時間ゼロからtまで積分すると，

$$v = v_0 + \int_0^t adt = v_0 + at \qquad 7-21$$

となる[*9, *10]。

図7-5に示すように，速度と時間が直線の関係を示しており，この直線の傾き$\tan\theta$が一定の加速度aの大きさを表している。

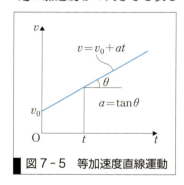

図7-5　等加速度直線運動

次に，最初の変位をs_0，時間t後の変位をsとすると，次のように表せる。

$$\frac{ds}{dt} = v \qquad 7-22$$

$$ds = vdt = (v_0 + at)dt \qquad 7-23$$

式7-23を時間ゼロからtまで積分すると次式が得られる。

$$s = s_0 + \int_0^t (v_0 + at)dt = s_0 + v_0 t + \frac{1}{2}at^2 \qquad 7-24$$

この式をグラフに表すと図7-6のようになり，時間tにおける速度v

---

*9

プラスアルファ

等加速度直線運動において，初速の向きを正とすると，加速度が正のときには次第に加速していき，加速度が負のときには次第に減速する。

*10

工学ナビ

物体の自由落下や鉛直投げ上げ，鉛直投げ下ろしを考える場合，加速度aを重力加速度gに置き換えればよい。ただし，重力加速度は鉛直下向きが正であるため，変位の正の向きとの関係に注意する必要がある。gの値は地球上の位置により少し異なるが，$9.8\,\text{m/s}^2$として計算すればよい。

はグラフの接線の傾き $\tan\theta$ で表される。

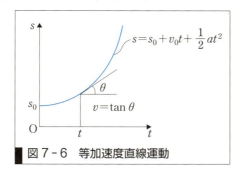

図7-6 等加速度直線運動

また，式7-21，式7-24より時間 t を消去すると，次式の速度，加速度と変位の関係が得られる。

$$s = s_0 + \frac{v^2 - v_0^2}{2a} \qquad 7\text{-}25$$

例題 7-3 自動車が直線道路を時速 40 km で走行している。この自動車がブレーキをかけ続けたところ，2.0 秒後に停止した。等加速度運動を仮定し，その加速度と停止するまでの移動距離を求めよ。

解答 加速度 a の大きさは，式7-21より，

$$a = \frac{v - v_0}{t} = \frac{0 - \dfrac{40 \times 10^3}{3600}}{2.0} = -5.6 \text{ m/s}^2$$

となる。また，加速度の方向は進行する方向と同じである。

移動距離 s は，式7-24より，

$$s = v_0 t + \frac{1}{2}at^2 = \frac{40 \times 10^3}{3600} \times 2.0 + \frac{1}{2} \times (-5.6) \times 2.0^2 = 11.0 \text{ m}$$

となる。

7・3 質点の平面運動

7・3・1 曲線に沿う運動

図7-7(a)に示すように，質点が曲線 S に沿う運動を考える。曲線 S に沿う質点の位置を s で表し，質点は t 秒後には位置 P_t まで，さらにその Δt 秒後には位置 $P_{t+\Delta t}$ まで曲線に沿って距離 $s + \Delta s$ だけ移動したとする。このとき，速度および加速度の大きさ v, a は，直線運動の場合と同様に，式7-14および式7-15で表せる。しかし，曲線形状は任意であるので，このままでは質点の挙動を取り扱いにくい。

そこで，運動表現をより一般化するために，図7-7(b)に示すように，直交座標系を用いて考える。ここでは，運動は平面内に限られるとし，曲線S上の質点位置をxy座標で表す。sから$s+\Delta s$の移動にともない，xy座標がそれぞれxから$x+\Delta x$，yから$y+\Delta y$のように変化したとすると，各方向の速度は，

$$\begin{cases} v_x = \lim_{\Delta t \to 0} \dfrac{\Delta x}{\Delta t} = \dfrac{dx}{dt} \\ v_y = \lim_{\Delta t \to 0} \dfrac{\Delta y}{\Delta t} = \dfrac{dy}{dt} \end{cases} \quad 7-26$$

となる。

速度vとv_x，v_yとの関係は，幾何学的に次のように表される。

$$v^2 = v_x^2 + v_y^2 \quad 7-27$$

これは，次のようにも表現できる。

$$\left(\dfrac{ds}{dt}\right)^2 = \left(\dfrac{dx}{dt}\right)^2 + \left(\dfrac{dy}{dt}\right)^2 \quad 7-28$$

一方，加速度aのx，y方向成分についても同様に，次式で表される[*11]。

$$\begin{cases} a_x = \lim_{\Delta t \to 0} \dfrac{\Delta v_x}{\Delta t} = \dfrac{dv_x}{dt} = \dfrac{d^2x}{dt^2} \\ a_y = \lim_{\Delta t \to 0} \dfrac{\Delta v_y}{\Delta t} = \dfrac{dv_y}{dt} = \dfrac{d^2y}{dt^2} \end{cases} \quad 7-29$$

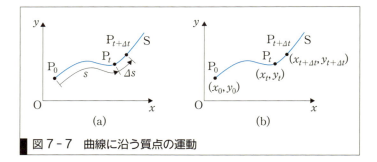

図7-7 曲線に沿う質点の運動

7-3-2 曲線に沿う運動のベクトル表現

二次元直交座標上の質点の位置を，ベクトルを使って表す。まず，質点位置を表すベクトルを$\boldsymbol{r}$，x，y軸方向の単位ベクトル[*12]を$\boldsymbol{i}$，$\boldsymbol{j}$とすれば，

$$\boldsymbol{r} = x\boldsymbol{i} + y\boldsymbol{j} \quad 7-30$$

質点の速度ベクトル$\boldsymbol{v}$は，$\boldsymbol{v} = \dot{\boldsymbol{r}}$であり，

$$\boldsymbol{v} = \dot{x}\boldsymbol{i} + \dot{y}\boldsymbol{j} \quad 7-31$$

と表される。さらに，質点の加速度ベクトル$\boldsymbol{a} = \dot{\boldsymbol{v}} = \ddot{\boldsymbol{r}}$より，

$$\boldsymbol{a} = \ddot{x}\boldsymbol{i} + \ddot{y}\boldsymbol{j} \quad 7-32$$

である[*13]。

[*11] **＋α プラスアルファ**
時間微分は簡略表記として次のように表すこともできる。

$$\begin{cases} \dfrac{dx}{dt} = \dot{x} \\ \dfrac{dy}{dt} = \dot{y} \end{cases}$$

$$\begin{cases} \dfrac{d^2x}{dt^2} = \ddot{x} \\ \dfrac{d^2y}{dt^2} = \ddot{y} \end{cases}$$

[*12] **＋α プラスアルファ**
大きさが1のベクトルを**単位ベクトル**(unit vector)という。

[*13] **＋α プラスアルファ**
時間微分の表記方法として，従属変数の上部にドット「˙」をつけて表すこともできる。
ドット1つが時間の1階微分，ドット2つが時間の2階微分である。

例題 7-4 地上から（高さ0 mとする）斜め上方向に向かって物体を打ち上げた。水平面からの打ち上げ角度を30°，打ち上げ速度を40 m/sとして，水平方向・垂直方向の物体位置を表す式を求めよ。また，着地する際の水平方向の最大到達距離はいくらか。

解答 図7-8のように，打ち出し位置を原点Oとし，水平方向をx，垂直方向をyとする。

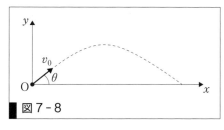

図7-8

x, y各方向の加速度はそれぞれ，

$$a_x = 0, \quad a_y = -g（重力加速度）$$

となる。

また，初速度の条件は，

$$v_{x0} = v_0 \cos\theta, \quad v_{y0} = v_0 \sin\theta$$

となる。

加速度の式を，初期条件を踏まえて積分すると，

$$v_x = v_0 \cos\theta, \quad v_y = -gt + v_0 \sin\theta$$

となる。

もう一度，時間tで積分し，位置に関する初期条件（時刻ゼロのとき原点O）より，

$$x = v_0 t \cos\theta, \quad y = -\frac{1}{2}gt^2 + v_0 t \sin\theta$$

となる。

着地する際の水平方向到達距離$x_{\max}$は，yが再び地面に到達するまでの時間を上記第2式より求め，続いて第1式にその時間を代入することにより，求められる。

$$x_{\max} = \frac{2v_0^2 \sin\theta \cos\theta}{g}$$

$\theta = 30°$，$v_0 = 40$ m/sなので，$x_{\max} = 141.4$ mとなる。

演習問題 A　　基本の確認をしましょう

7-A1　川にかかる橋の上から石ころを静かに落としたところ，3秒後に水面に達した。橋の高さと水面に達したときの石ころの速さを求めよ。

7-A2　ボールを初速 20 m/s で鉛直上向きに投げ上げた。ボールが最高点に達するのは何秒後か。また，最高点の高さはいくらか。

7-A3　高さ 20 m のビルの屋上から，初速 10 m/s で水平方向に物体を投げ出した。物体が地面に達するのは何秒後か。また，落下点までの水平距離はいくらか。

演習問題 B　　もっと使えるようになりましょう

7-B1　野球の試合で，ある打者が飛距離 120 m のホームランを打った。落下点に到達するまでの時間は 4 秒であった。打球の最高点の高さはいくらか。また，打球の初速はいくらか。

7-B2　物体を斜めに投げ上げるとき，初速 v_0 で水平とのなす角 θ_0 の場合の水平到達距離と初速 v_0 で水平とのなす角 $(90° - \theta_0)$ の場合の水平到達距離が等しいことを示せ。ただし，重力加速度を g とする。

あなたがここで学んだこと

この章であなたが到達したのは
- □ 速度，加速度，躍度について説明できる
- □ 等速直線運動および等加速度直線運動の時間，位置，速度，加速度に関する計算ができる
- □ 平面運動における時間，位置，速度，加速度の関係を直交座標成分に分けて考えることができる

　本章では，物体の運動を表す上で基礎となる位置，速度，加速度について，それらの関係と数学的な表現方法を学び，質点の直線運動および平面運動について考えた。次章では，さらに円運動について詳しく考え，極座標による表現方法も学んでいく。

8章 円運動と曲線運動

図A

図B

　前章では，最も基本的な運動形態として直線運動を取り上げた。また，平面内の曲線運動の例として放物運動を対象に，物体の位置をベクトルで表し，成分に分けて運動の解を求め，理解する方法について学んだ。曲線に沿う運動にはさまざまなものがあるが，とくに，半径方向への移動が拘束されながら，中心軸まわりに円軌道を描いて運動する物体は数多く観察される。たとえば，陸上競技の一つにハンマー投げがある。できるだけ遠くに飛ばすために，選手はまず円軌道を描きながらハンマーの運動エネルギーを増幅させる。放り投げる瞬間以降，ハンマーは放物運動に従って飛んでいく。また，1章でも説明したように，オートバイがサーキットのコーナーを走り抜けるときにも，ライダーは車体をコーナーの内側に傾けながら（バンクさせながら）進んでいくが，そのような姿勢をとるには理由がある。円軌道に沿って運動する物体にはどのような速度や加速度が生じているのだろうか？

●この章で学ぶことの概要

　7章では，物体が運動するときの位置，速度，加速度の表し方，およびそれらの数学的な関係について学んだ。さらに，曲線運動を直交座標で表し，物体の運動を成分ごとに分けて表現できることを知った。

　本章では曲線運動の具体例として，上に述べたような円軌道に沿う物体の運動を式で表し，速度や加速度の大きさ，およびそれらの作用方向について，より詳しくみていく。ここでは新たに角速度，角加速度を定義し，極座標を導入して，円軌道の接線方向（周方向）成分と法線方向（半径方向）成分とに分ける方法を学び，円運動の特徴について考察する。

> **予習 授業の前にやっておこう!!**
>
> 1. 物体の位置が $x = 0.5t^2 + 3t + 8$ と表されるときの，任意時刻 t における速度と加速度を求めよ。【8-1節に関連】
>
> 2. 地上から20 mの高さより物体を自由落下させたときの，時刻 t における物体の速度，および位置を表す式を求めよ。【8-1節に関連】
>
> 3. 地面から斜め上前方に向かって，初速度50 m/sで物体を打ち出す。水平方向の到達距離が最大となる打ち出し角度と，そのときの到達距離を求めよ[*1]。重力加速度は9.8 m/s² とし，空気抵抗などの損失は考えないとする。【8-1節に関連】

8-1 円運動における接線・法線加速度成分

[*1] Don't Forget!!
直線運動の位置・速度・加速度
物体位置 x，時刻 t とすると，

速度： $v = \dfrac{dx}{dt}$

加速度： $a = \dfrac{dv}{dt} = \dfrac{d^2 x}{dt^2}$

平面運動の場合
直交座標上の位置 x, y として，

速度： $\begin{cases} v_x = \dfrac{dx}{dt} \\ v_y = \dfrac{dy}{dt} \end{cases}$

加速度： $\begin{cases} a_x = \dfrac{dv_x}{dt} = \dfrac{d^2 x}{dt^2} \\ a_y = \dfrac{dv_y}{dt} = \dfrac{d^2 y}{dt^2} \end{cases}$

7章の内容を再確認しよう。

[*2] +α プラスアルファ
時間微分は簡略表記で次のように表してよい（カッコ内は読み方）。

$\dfrac{d\theta}{dt} = \dot{\theta}$ （シータドット）

$\dfrac{d^2\theta}{dt^2} = \ddot{\theta}$ （シータツードット）

物体が半径 r の円運動をする場合を考える。このような運動は，たとえば本章のとびらで紹介したハンマーを振り回す際のおもり，一定曲率のカーブを走り抜けるオートバイや自動車，遊園地のメリーゴーラウンドなどにみられる。図8-1のように，時刻 t のときに点Pにあった質点が，Δt 秒後には角度（角変位）が $\Delta\theta$ だけ増した位置Qに動いたとする。このとき，

$$\omega = \lim_{\Delta t \to 0} \frac{\Delta\theta}{\Delta t} = \frac{d\theta}{dt} \qquad 8\text{-}1$$

で定義される ω を**角速度**（angular velocity）と呼ぶ[*2]。角速度は単位時間当たりに進む角度であり，その単位は rad/s である[*3]。このとき，質点が移動する円弧PQ上の長さは，弧度法の定義から以下のようになる[*4]。

$$\overset{\frown}{\text{PQ}} = r\Delta\theta \qquad 8\text{-}2$$

円周上の平均速度として表す場合は式7-1にならい，式8-2を Δt で割って，

$$\frac{\overset{\frown}{\text{PQ}}}{\Delta t} = r\frac{\Delta\theta}{\Delta t} \qquad 8\text{-}3$$

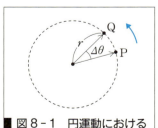

図8-1 円運動における Δt 秒後の角度変化 $\Delta\theta$

となる。さらに、式8-3において、$\Delta t \to 0$の極限をとることで、円弧に沿う質点の**周速度**（circumferential velocity）vは次式で求められる。

$$v = r \lim_{\Delta t \to 0} \frac{\Delta \theta}{\Delta t} = r \frac{d\theta}{dt} = r\omega \qquad 8-4 \text{*5}$$

式8-4からわかるように、周速度は角速度ωだけでなく、物体が描く円軌道の半径rが大きくなることでも速くなる。その違いはメリーゴーラウンドに乗ったとき、中心軸の近くに座るか、それとも外周近くに座るかで、幾分感じ取ることができるだろう。

さてここで、単位時間当たりの角速度の変化を**角加速度**（angular acceleration）として定義する。角加速度aは、次のように表される。

$$a = \lim_{\Delta t \to 0} \frac{\Delta \omega}{\Delta t} = \frac{d\omega}{dt} \qquad 8-5$$

式8-1より、式8-5は、次のように変形される。

$$a = \frac{d}{dt}\left(\frac{d\theta}{dt}\right) = \frac{d^2\theta}{dt^2} \qquad 8-6 \text{*2}$$

角速度が一定値のとき、単位時間当たりの変化量はゼロなので、角加速度はゼロである。定速回転するメリーゴーラウンドや扇風機の羽根などはこの状態にあたる。その一方、角加速度が正の場合には角速度が増加するので、投げる瞬間まで徐々に回転スピードを上げていくハンマー投げのときのハンマーの運動が該当する。これとは逆に、カーブに差しかかった自動車がブレーキをかけて、車速を落としながらカーブを走り抜ける過程では角加速度は負の値になっている。

次に、簡単のために、質点が一定の角速度で円運動を行うとする。周速度も一定なので、ここで再び速度を表すベクトルを図8-2のように描き、矢印の始点を重ねてみる。すると、速度の変化分を表すベクトル$\Delta \boldsymbol{v}$の大きさΔvは、幾何学的な関係から次式で表される。

$$\Delta v = v \Delta \theta \qquad 8-7$$

図8-2より、$\Delta \boldsymbol{v}$の接線・法線方向成分は、おおよそ次の関係を満たす*6。

$$\begin{cases} \Delta v_t = 0 \\ \Delta v_n = \Delta v = v \Delta \theta \end{cases} \qquad 8-8$$

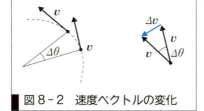

図8-2　速度ベクトルの変化

式8-8をΔtで割り、$\Delta t \to 0$の極限をとれば、一定周速度の場合の円運動の接線加速度、法線加速度が次のように求められる。

$$\begin{cases} a_t = \lim_{\Delta t \to 0} \frac{\Delta v_t}{\Delta t} = 0 \\ a_n = \lim_{\Delta t \to 0} \frac{\Delta v_n}{\Delta t} = \lim_{\Delta t \to 0} \frac{v \Delta \theta}{\Delta t} = v\omega = r\omega^2 \end{cases} \qquad 8-9 \text{*5, *7}$$

*3
+α プラスアルファ
角速度と等価な量として「回転数」があり、単位時間当たりの回転数を表す。通常、回転数の単位は［rpm］である。角速度との関係を調べてみよう。

*4
Don't Forget!!
円の中心角と、それに対応する円弧の長さは比例する。この関係を、半径1の円について考えたとき、ある円弧の長さに対する中心角の大きさをラジアン［rad］で表す。半円弧の長さはπなので、この角度はπ radである。つまり、$180° = \pi$ radとなる。

*5
Let's TRY!!
一定の半径r、角速度ωのもとで、円軌道を描く物体の運動を直交座標系で表すと次となる。
$$\begin{cases} x = r\cos\omega t \\ y = r\sin\omega t \end{cases}$$
これをもとに、x, y各方向の速度と加速度を求め、さらに合成ベクトルの大きさを求めてみよう。式8-4、式8-9と同じ値が現れるので、確認してみよう。

*6
速度vのベクトルを2辺とする二等辺三角形なので、有限値として$\Delta \theta$を考える場合にはΔvは法線方向を向いていないが、$\Delta \theta \to 0$の極限をとるのでそのように考えて差し支えない。

*7
Let's TRY!!
7-1-3項では、物体が任意の曲線に沿って運動する際に生じている接線加速度、法線加速度を、接線方向速度の大きさvを用いて式7-10、式7-11のように表した。曲率半径Rは円軌道の半径rに対応し、周速度は一定であることに注意して、これらの式から式8-9を導いてみよう。

周速度が一定の場合は，円運動の接線加速度はゼロであり，その一方で法線加速度は常に円の中心方向を向くことがわかる。後者をとくに，**向心加速度**（centripetal acceleration）と呼ぶ[*8, *9]。

*8
工学ナビ
8-2節にて後述するが，周速度が一定でない一般の場合には，接線方向には式8-6の角加速度，法線方向には式8-9第2式の向心加速度が生じている。

*9
工学ナビ
物体が自ら円軌道を描きながら運動している結果として向心加速度が生じているという解釈ではなく，物体の運動を円軌道に拘束しようとする力が働いた結果，向心加速度が生じて，運動の向きが円軌道に沿うと考えたほうが物理的には自然である。
加速度は，原因としての力が物体に作用した結果として生じる物理量なので，円運動でもそのような力が関与する。これを，向心加速度に対応させて**向心力**（または**求心力**）と呼ぶ。
たとえばハンマーを振り回す間は，ロープを介して人間が向心力を加え続けているからハンマーは円軌道を維持できるが，ロープを離したとたんに，まっすぐ飛んでいってしまう。
力と加速度の関係については9章にて説明する。

例題 8-1 一定回転数 1000 rpm で回転するフライホイールがある（図8-3）。これにブレーキをかけて停止させるのに，100秒を要した。減速の際の角加速度を一定とした場合，その大きさはどれだけか。また，ブレーキをかけ始めてから停止するまでに，何回転したか。

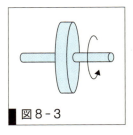

▶図8-3

解答 ブレーキに相当する一定角加速度を a とし，角変位を θ とする。角速度の式は，ブレーキ開始時刻を $t=0$ としたときの角速度を ω_0 として，

$$\dot{\theta} = at + \omega_0$$

となる。さらに，角速度を時間で積分すると，角変位 θ は，

$$\theta = \frac{1}{2}at^2 + \omega_0 t$$

と求められる。ただし，$t=0$ における角変位はゼロとした。一定角加速度のもと，100秒で停止したので，角速度の式から，角加速度 a は，

$$a \times 100 + \omega_0 = 0, \quad a = -\frac{\omega_0}{100} = -1.047 \text{ rad/s}^2$$

と求められる。

また，停止までに回転した数は，

$$\theta = \frac{1}{2} \times (-1.047) \times 100^2 + 1000 \div 60 \times 2\pi \times 100 = 5237 \text{ rad}$$

よって，約833回転。

例題 8-2 静止衛星とは，赤道上空の高度約36000 kmの円軌道上を，地球の自転と同じ周期で周回する人工衛星である（図8-4）。地球の半径を6400 kmとしたとき，静止衛星の速度，加速度を求めよ。

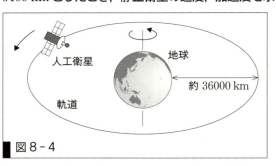

▶図8-4

解答 静止衛星の周速度は一定であり，地球の自転と同じ周期なので，秒に換算すると，24時間 × 60分 × 60秒 = 86400秒。この時間をかけて軌道上を一周するから，衛星の周速度 v_θ は以下のように計算される[*10]。

$$v_\theta = 2 \times \pi \times (36000 + 6400) \times 1000 \div 86400 = 3083 \text{ m/s}$$

周速度が一定なので，加速度は向心方向成分 a_r のみをもち，その値は，

$$a_r = -\frac{v_\theta^2}{r} = -3083^2 \div (36000 + 6400) = -224 \text{ m/s}^2$$

と計算される[*11]。

[*10] **Let's TRY!!**
人工衛星は例題を解くとわかるとおり，非常に大きなスピードで軌道上を周回している。これに対して，地球の表面上にいる我々は，どれくらいの周速度[m/s]で地球とともに回転運動しているか，計算してみよう。なお，赤道上の周速度で考えてよい。

8-2 曲線運動の極座標表現

7章では，おもに直交座標系を用いて物体の直線運動や平面運動を考えた。しかし，とくに円運動のような曲線運動を取り扱う場合には，**極座標**（polar coordinate）を用いて運動を表したほうが，数式表現が簡単になるだけでなく，速度などの成分を，軌道に沿う方向（接線方向）と，それに直角な方向（法線方向）とに分けて考察できるので，運動を直感的に理解しやすくなる。本節では極座標を用いた曲線運動の表現方法について説明する。

8-2-1 直交座標と極座標

平面運動の表現において，直交座標系では固定点を基準とした物体の位置を (x, y) で表すのに対して，極座標系では固定点から物体までの距離 r と角度 θ を用いて，物体の位置を (r, θ) のように表す。符号の扱いは通常，r 方向については原点 O から離れる方向を正とし，θ 方向については反時計方向を正とする。

直交座標と極座標との関係を図8-5に示す。2つの座標系が同じ固定点 O を原点とするとき，(x, y) と (r, θ) との間には，次の関係が成り立つ。

[*11] **工学ナビ**
静止衛星は地球の自転周期と同じ周期で軌道を周回するので，地球上からは常に空中に静止しているように見える。円軌道だとして，衛星の周期が地球の周期と同じになる高度は，地球の上空約36000 kmなのだが，それはどのようにして決まるのだろうか？物理的には，衛星が円軌道を描くときに作用する遠心力と，衛星と地球との間に作用する万有引力とがつり合う条件から，この高度が計算できる（遠心力については9章で説明する）。

地球の質量を M，衛星の質量を m，衛星の周速度を v とする。また，地球の半径を r，地表から衛星までの高度を h，万有引力定数を G とすると，つり合い式は次式となる。

$$m\frac{v^2}{r+h} = G\frac{Mm}{(r+h)^2}$$

周速度は $v = (r+h)\omega$ であり，ここに万有引力定数 $G = 6.67 \times 10^{-11} \text{ N·m}^2/\text{kg}^2$，地球の質量 $M = 6.0 \times 10^{24}$ kg，地球の自転周期から求まる角速度 ω を代入し，式を h について解けば，36000 kmという高度が導かれる。

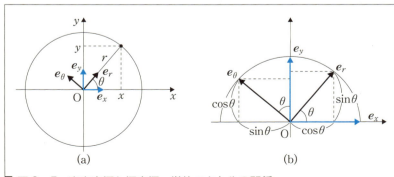

図8-5 直交座標と極座標，単位ベクトルの関係

$$\begin{cases} x = r\cos\theta \\ y = r\sin\theta \end{cases} \qquad 8-10$$

平面運動する物体の位置は原点 O から物体へ向かうベクトルで表され，直交座標系では x，y 軸方向の単位ベクトル e_x，e_y と，物体の (x, y) 座標を用いて，2 つのベクトルの合成として位置ベクトルを表現できることを 7 章にて学んだ[*12]。同じように極座標系でも，固定点 O から物体へと向かう半径方向の単位ベクトル e_r と，それと直交する周方向（接線方向）の単位ベクトル e_θ を用いて物体の位置を表現する。

次に，単位ベクトル e_x，e_y と，e_r，e_θ との関係について考察してみよう。図 8-5(b) より，これらのベクトルの間には次の関係が成り立つ[*13]。

$$\begin{cases} e_r = \cos\theta\, e_x + \sin\theta\, e_y \\ e_\theta = -\sin\theta\, e_x + \cos\theta\, e_y \end{cases} \qquad 8-11$$

単位ベクトルの大きさ（矢印の長さ）はすべて 1 であることに注意してほしい。

続いて，単位ベクトルの時間変化について考察する。直交座標系では，2 つの軸は固定されていて動かないのに対して，極座標系では物体の運動とともに半径方向が変化するので，単位ベクトル e_r，e_θ の向きも変化する。そこで，これらの単位ベクトルを時間 t で微分してみる。まず，直交座標系の単位ベクトルの時間微分については，以下のようになる。

$$\begin{cases} \dot{e}_x = 0 \\ \dot{e}_y = 0 \end{cases} \qquad 8-12$$

ベクトルは不変なので，時間微分すればゼロ（ゼロベクトル[*14]）である。これに対して，式 8-11 の関係を利用して極座標系の単位ベクトルを時間微分すると，以下の式が得られる。

$$\begin{cases} \dot{e}_r = -\dot{\theta}\sin\theta\, e_x + \dot{\theta}\cos\theta\, e_y = \dot{\theta}\, e_\theta \\ \dot{e}_\theta = -\dot{\theta}\cos\theta\, e_x - \dot{\theta}\sin\theta\, e_y = -\dot{\theta}\, e_r \end{cases} \qquad 8-13 \text{[*15]}$$

式 8-13 において，$\dot{e}_r$，$\dot{e}_\theta$ の向きは互いに e_θ，e_r の方向に入れ替わっていることがわかる。このことは，単位ベクトルが微小時間 Δt の間に $\Delta\theta$ だけ回転した場合を表す図 8-6 において，r 方向，θ 方向の単位ベクトルの変化量 Δe_r，Δe_θ がそれぞれ，互いの方向を向いていることからも理解できる。

8-2-2 曲線運動の極座標表現

平面運動する質点の位置ベクトル $\boldsymbol{r}$ は，極座標の単位ベクトルと，原点から質点までの距離 r を用いて次のように表される[*16]。

$$\boldsymbol{r} = r\boldsymbol{e}_r + 0 \cdot \boldsymbol{e}_\theta = r\boldsymbol{e}_r \qquad 8-14$$

位置を表すのに，θ 方向のベクトルは関係しないことに注意してほしい。

[*12] **Don't Forget!!**
単位ベクトルとは，大きさが 1 のベクトルのことである。たとえば，あるベクトル $\boldsymbol{r}$ の単位ベクトルを記号 $\boldsymbol{e}$ で表す場合，大きさは 1，向きは $\boldsymbol{r}$ と同じであるとして，

$$\boldsymbol{e} = \frac{\boldsymbol{r}}{|\boldsymbol{r}|} = \frac{\boldsymbol{r}}{r}$$

と書ける。ここで，$|\boldsymbol{r}| = r$ はベクトル $\boldsymbol{r}$ の大きさである。7-3-2 項を参照すること。

[*13] **Don't Forget!!**
直交座標上では，物体の位置ベクトルは単位ベクトルを用いて，

$$\boldsymbol{r} = x\boldsymbol{e}_x + y\boldsymbol{e}_y$$

のように表された。7-3-2 項を参照すること。

[*14] ゼロベクトルとは，大きさがゼロで向きをもたないベクトルのことである。

[*15] **Let's TRY!!**
図 8-6 におけるベクトルの幾何学的関係，および $\Delta t \to 0$ の極限をとって，

$$\begin{cases} \dot{\boldsymbol{e}}_r = \lim_{\Delta t \to 0} \frac{\Delta \boldsymbol{e}_r}{\Delta t} = \lim_{\Delta t \to 0} \frac{\Delta \theta}{\Delta t} \boldsymbol{e}_\theta \\ \dot{\boldsymbol{e}}_\theta = \lim_{\Delta t \to 0} \frac{\Delta \boldsymbol{e}_\theta}{\Delta t} = -\lim_{\Delta t \to 0} \frac{\Delta \theta}{\Delta t} \boldsymbol{e}_r \end{cases}$$

とすれば，式 8-13 が導かれる。考えてみよう。

[*16] 極座標の定義上，固定点と物体とを結ぶ半径方向の単位ベクトル $\boldsymbol{e}_r$ と位置ベクトル $\boldsymbol{r}$ の向きが一致するので，式 8-14 のように $\boldsymbol{e}_r$ のみで表される。

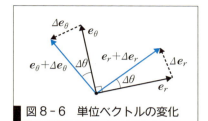

図8-6 単位ベクトルの変化

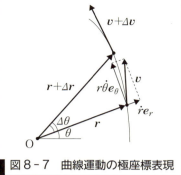

図8-7 曲線運動の極座標表現

次に，質点の速度ベクトルは，式8-14を時間微分し，式8-13の第1式を考慮することで次のように得られる。

$$v = \dot{r} = \dot{r}e_r + r\dot{e}_r = \dot{r}e_r + r\dot{\theta}e_\theta \qquad 8\text{-}15\text{*}^{17}$$

図8-7に示すように，ある瞬間の物体の速度vは，極座標のr方向，θ方向に，それぞれ大きさが$\dot{r}$，$r\dot{\theta}$の速度成分を有する。一般の曲線運動では，基準点Oから物体までの距離rは一定とは限らないので，式8-15にはrに関する時間微分項$\dot{r}$が現れる。また，$r\dot{\theta}$は式8-4の周速度に相当する。

さらに加速度は，速度の式8-15を時間で微分することにより，次のように求められる。

$$a = \dot{v} = \ddot{r}e_r + \dot{r}\dot{e}_r + \dot{r}\dot{\theta}e_\theta + r\ddot{\theta}e_\theta + r\dot{\theta}\dot{e}_\theta$$
$$= (\ddot{r} - r\dot{\theta}^2)e_r + (r\ddot{\theta} + 2\dot{r}\dot{\theta})e_\theta \qquad 8\text{-}16\text{*}^{18}$$

式8-16において，加速度のr方向成分には，半径方向に沿う速度の変化に対応する加速度$\ddot{r}$と，向心加速度の項$r\dot{\theta}^2$が含まれていることがわかる。また，θ方向成分には接線加速度$r\ddot{\theta}$の項と，$2\dot{r}\dot{\theta}$の項が含まれている。

これらのうち，$2\dot{r}\dot{\theta}$の項は，たとえば物体が固定点まわりに回転しながら，半径が増加する方向に（固定点から遠ざかるように）動いたとき，回転方向の速度が増加することを意味し，**コリオリの加速度**（Coriolis acceleration）と呼ばれる[*19]。図8-8にその例を示す。角速度$\dot{\theta}$で回転する円板の上に，AとBの2人が立っており，両者は円板とともに運動している。さらに，円板の外には静止座標上に立っているCがいる。ある瞬間，AがBに向かってボールをまっすぐ投げたとき，Cの視点では，ボールが放たれた瞬間にBがいた方向へボールがまっすぐ飛んでいく様子が観察される。それに対して，円板上に立っているAの視点では，ボールは右にカーブしながら飛んでいくように見える[*20]。この効果をもたらす力がコリオリの力，生じている加速度$2\dot{r}\dot{\theta}$がコリオリの加速度である。

*17 **Don't Forget!!**

式8-15の微分には，公式：

$$\frac{d}{dx}\{f(x)g(x)\}$$
$$= \frac{df(x)}{dx}g(x) + f(x)\frac{dg(x)}{dx}$$

を用いている（p.37の表2-2(3)）。

*18 **Let's TRY!!**

少し難しいかもしれないが，Δt秒後（$\Delta\theta$移動後）の速度ベクトル$v + \Delta v$のr方向，θ方向成分を以下の式
r方向成分：
$(\dot{r} + \Delta\dot{r})(e_r + \Delta e_r)$
θ方向成分：
$(r + \Delta r)(\dot{\theta} + \Delta\dot{\theta})(e_\theta + \Delta e_\theta)$
で表し，$\Delta t \to 0$の極限をとることによって，式8-16が導かれることを示してみよう。

*19 **工学ナビ**

コリオリの加速度，コリオリの力は，運動する回転座標上から相対的に物体の動きを眺めたとき，物体の回転運動方向に作用しているように見える，見かけの加速度，力を指す言葉である。台風の渦，アイススケーターのスピンなどには，コリオリの力が関与している。これらのキーワードをWeb検索してみよう。

*20
円板上に乗っているAの視点では，円板は静止しているように見えるので，図8-8の最右図では円板が動かないような図にしており，その代わりにCの位置をずらしている。

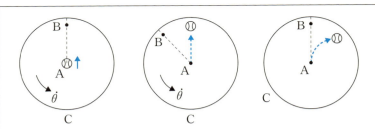

ボールが放たれる瞬間　Cから見たボールの軌跡　Aから見たボールの軌跡

図 8-8　コリオリの加速度の例

8-2-3 円運動の極座標表現

8-2-2 項では，一般の曲線運動を極座標によって表したが，曲線運動の具体例として再び円運動について考え，極座標を用いて円運動を表してみる。

まず，円周上の質点の位置ベクトル r は式 8-14 で表される。次に，速度ベクトル v であるが，図 8-9 に示すように，円軌道では半径の大きさは不変なので，単位ベクトル e_r 方向には速度成分をもたない。また，円運動の接線方向は e_θ 方向と一致し，その速度成分の大きさは周速度の式 8-4 より，$r\dot\theta$ である。よって，円運動の速度ベクトルは次式で表される[*21]。

$$v = r\dot\theta e_\theta \qquad 8\text{-}17$$

*21 式 8-15 において，$\dot r = 0$ とすれば式 8-17 が得られる。

さらに，加速度ベクトルについて考える。まず，式 8-9 で考察したように，速度の向きを変えるための向心加速度が軌道の中心方向に作用するので，e_r 方向の加速度は $-r\dot\theta^2$ の大きさをもつ。次に e_θ 方向については，周速度は一定とは限らないので，その時間変化をもたらす加速度 $r\ddot\theta$ が働く。加速度ベクトルは図 8-10 のように，この 2 者を合成することで求められる[*22]。

$$a = -r\dot\theta^2 e_r + r\ddot\theta e_\theta \qquad 8\text{-}18$$

*22 式 8-16 において，$\dot r = 0$，$\ddot r = 0$ とすればよい。

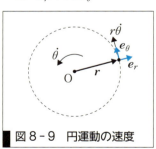

図 8-9　円運動の速度　　**図 8-10　円運動の加速度**

例題 8-3 ハンマー投げの選手が，静止状態から一定の角加速度 5 rad/s² でハンマーを加速し，5回転させた時点で投射した（図8-11）。1回転，3回転，および5回転目の時点におけるハンマーの角速度，および向心加速度を求めよ。ただしワイヤーの長さは 1 m とし，ワイヤーは常に張られた状態とする。

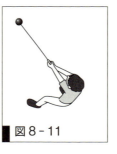

図8-11

解答 ハンマーの角変位を θ とする。角加速度を一定（$=a$）とおいて，初期角速度がゼロであることを考慮して時間で積分すると，

$$\dot{\theta} = at$$

となる。

さらにもう一度，時間積分して角変位を求めると，

$$\theta = \frac{1}{2}at^2$$

となる。この式から，1，3，5回転目にいたるまでの時間を求めると，それぞれ，1.56秒，2.75秒，3.54秒となる。これらを角速度の式に代入すると，各時点での角速度はそれぞれ，7.8 rad/s，13.8 rad/s，17.7 rad/s であり，このときの向心加速度は，$a_r = r\dot{\theta}^2$ より，60.8 rad/s²，190 rad/s²，313 rad/s² である[*23]。

[*23] **Let's TRY!!** 5回転後，ハンマーを投射する瞬間の周速度を求め，地面から投射位置までの高さを 1 m，水平面からの投射角度 30°とした場合の飛距離を予測してみよう。ハンマーが手から離れたあとは，放物運動を考えればよい。

例題 8-4 20 m/s の速度で直線走行していた車が，半径 100 m，1/4 円のカーブにさしかかる瞬間から，カーブに沿う方向に一定の加速度で減速し続けた結果，カーブの終点に到達する時点で 10 m/s の速度になった（図8-12）。このときの接線方向加速度はいくらか。また，カーブ進入時・脱出時の法線方向加速度はいくらか[*24]。

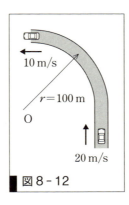

図8-12

解答 接線方向加速度を a_θ，法線方向加速度を a_r とすると，カーブに沿う運動（接線方向の運動）の速度の大きさは次のように表される。

$$v_\theta = a_\theta t + v_0$$

ここで，v_0 はカーブに進入する瞬間の周速度である。また，円弧に沿う移動距離 s は，上式を時間積分して，

$$s = \frac{1}{2}a_\theta t^2 + v_0 t$$

となる。ただし，カーブにさしかかる瞬間の位置を原点 O とした。

[*24] **Let's TRY!!** 自動車がカーブに沿って走行するとき，加速度がある限界値を超えるとスリップが発生する。スリップ限界加速度を 0.5 G（G は重力加速度）とする。たとえば例題 8-4 の場合では，カーブへ速度 20 m/s で進入後，カーブから脱出するときの速度が 10 m/s となるよう，一定の加速度（接線加速度）で減速しながら走行しているが，この場合にはスリップは生じない。では，カーブへの進入速度は同じ 20 m/s として，この一定の減速加速度がいくらになると，スリップが生じる可能性があるか，考えてみよう。合成加速度で考える必要があることに注意しよう。

カーブ終点での時刻を t_e, その接線方向速度 v_e, 移動距離を s_e とすると,

$$v_e = a_\theta t_e + v_0, \quad s_e = \frac{1}{2} a_\theta t_e^2 + v_0 t_e$$

となる。時刻 $t_e = (v_e - v_0)/a_\theta$ として,第2式に t_e を代入すると,

$$s_e = \frac{1}{2a_\theta}(v_e - v_0)^2 + \frac{1}{a_\theta} v_0 (v_e - v_0)$$

となる。これより,接線方向加速度 a_θ は,

$$a_\theta = \frac{1}{s_e}(v_e - v_0)\{0.5(v_e - v_0) + v_0\}$$

$$= \frac{1}{100 \times \frac{\pi}{2}} \times (10 - 20)\{0.5 \times (10 - 20) + 20\}$$

$$= -0.95 \text{ m/s}^2$$

と求められる。なお,カーブを通過する時間は, $t_e = (10-20)/(-0.95) = 10.5$ 秒である。カーブ開始点における法線方向加速度 a_r は,

$$a_r = r\dot{\theta}^2 = \frac{v_\theta^2}{r} \text{ より, } a_r = \frac{20^2}{100} = 4 \text{ m/s}^2$$

となる。カーブ終了点における法線方向加速度 a_r は,同様に,

$$a_r = \frac{10^2}{100} = 1 \text{ m/s}^2$$

と求められる。

演習問題　A　基本の確認をしましょう

8-A1 直径 15 m のメリーゴーラウンドが,一定角速度(5秒で一周)で回転しているときの周速度,および向心加速度を求めよ。

8-A2 ハンマー投げ選手がハンマーを5秒間に5回転させた後に投射した。一定の割合で加速されたとして,角加速度と投射時の角速度を求めよ。

8-A3 半径 100 m の円周上を,自動車が周速度 80 km/h で周回している。ブレーキをかけ始めてから 20 秒後に停止した。静止までの走行距離を求めよ。ただし,減速時の角加速度は一定とする。

8-A4 質点が半径 r の円周上を周速度 v で等速円運動している。この場合のホドグラフを描き,ホドグラフから向心加速度を導け。

演習問題　B　もっと使えるようになりましょう

8-B1　長さ l の単振り子の運動が時間の関数として，$\theta = \theta_0 \cos\omega t$（$\omega = \sqrt{g/l}$，$g$ は重力加速度）で表されるとする。θ は鉛直を基準とした角変位である。おもりの速度，加速度それぞれの半径方向と周方向成分を時間 t [s] の式で表せ。また，それらの最大値とそのときの角度を求めよ。

8-B2　自動車がカーブを走行するときの横滑り限界加速度を $0.5\,\text{G}$ とする。半径 $100\,\text{m}$ のカーブを，一定の周速度で走行する自動車が横滑りを起こし始める速度を求めよ。

8-B3　図アに示すピッチ p のらせん状の滑り台にそって，質点が鉛直下向き（$-z$ 方向）に一定加速度 g で落ちる。その場合の質点の角速度 $\dot{\theta}$，角加速度 $\ddot{\theta}$ を求めよ。
（ヒント：$z = -p\theta/2\pi$ が成り立つ）

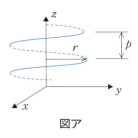

図ア

あなたがここで学んだこと

この章であなたが到達したのは
- □ 角速度と周速度の関係を説明できる
- □ 角速度が一定でも，円運動では常に向心加速度が生じていることを説明できる
- □ 向心加速度の大きさを，角速度から計算することができる
- □ 極座標を用いて，円運動の速度，加速度を，円軌道に沿う接線方向の成分と，それに直角な法線方向の成分とに分けて考えることができる

本章では 7 章で学んだ直線運動，平面運動に引き続き，物体への力の作用は考えずに，円運動する物体の位置，速度，加速度を数式で表す方法について学んだ。円運動は，乗り物や機械内部の機構，人間の活動など，さまざまな場所でみられる現象なので，その運動を数学的に表して特徴を説明できるようになると，身のまわりのさまざまな現象を異なる視点で捉えられるようになり，現象への理解がより深まる。円運動の速度や加速度の成分を，極座標を用いて円の中心と物体位置とを結ぶ半径方向（法線方向）と，それとは直角な円軌道に沿う接線方向とに分けて考えると理解しやすい。円運動において，接線方向の速度が一定である場合，接線方向の加速度成分はゼロだが，法線方向には物体を円軌道にとどまらせようとする向心加速度が常に働いているという性質はとくに重要なので，よく理解してほしい。

次の 9 章では，物体に作用する力と加速度の因果関係について説明し，それによって生じる物体の運動について考察を行う。力の作用に基づいた物体の運動を数学的に表現する手段として，運動方程式がある。物体に働く力の動的な関係を方程式で表し，その解を求めることで，時間的に移り変わる動的な現象を理解することができる。

9章

力と運動法則

物体に作用する力は，その物体を変形させたり破壊させたりするだけではなく，加速度や速度などの運動状態を変えようとする原因にもなる。図Aは遊園地においてポピュラーな乗り物の一つである。このような乗り物も，作用する力によって発生する部材内の応力，変形(たわみ)量との関係，そして力と運動状態の変化との関係が明確に把握された上で機構や構造設計を行っている。だからこそ，乗客に対して安全と安心を担保することができるのである。重力による力や摩擦力をはじめとする外部から物体に作用するさまざまな力，すなわち外力が作用することによる物体の運動状態の変化との関係は，ニュートンの運動法則を適用することによって明らかにすることができる。このような力学を動力学といい，自動車，船舶や列車などの設計を行う際に基礎となる学問である。動力学は，静止状態にある物体に作用する複数の力のつり合いを取り扱う静力学と区別される。なお，機械工学分野においては，力による物体の変形や破壊は「材料力学」や「破壊力学」という科目で詳しく学ぶ。

図A　（提供：ルスツリゾート）

●この章で学ぶことの概要

　前章までは物体に作用する力と並進運動をそれぞれ個別に考えてきたが，実際に並進運動を引き起こすのは外部からの作用力（外力）が働くためであり，このように力と運動との間には密接な関係がある。本章ではニュートンの運動法則に基づいて両者を関係づけて取り扱い，外力が作用した場合に物体の運動がどのように変化するのかを，ニュートンの運動法則を通して学ぶ。また，物体は特定の線上などに拘束された条件下で運動する場合もあり，その際にどのような力が物体に作用するのかも学習する。ここでの物体は1-1節でも学習したような，質量は有するが，大きさ（形状）は有しない**質点**として考える。

> **予習　授業の前にやっておこう!!**
>
> 1. ニュートンの運動法則（第1～3法則）を説明せよ。
>   【3-1節，9-1節，9-2節に関連】
>
> 2. 半径 r の円周上を速度 v で等速円運動している質点の接線加速度 a_t と法線加速度 a_n はいくらか。【7-1節，8-1節，9-1節，9-3節に関連】
>
> 3. 次の積分を計算せよ。
>   (1) $\int x dx$　　(2) $\int \dfrac{1}{x} dx$　　(3) $\int \dfrac{1}{A+Bx} dx$

9-1 質点の運動方程式

9-1-1 落体と放射体の運動

質点に**外力**（external force）が作用した際の運動は，外力と**加速度**（acceleration）との関係を数式として記述している**ニュートンの運動法則**（Newton's law of motion）の第2法則によって与えられる。この法則によると，質点の**質量**（mass）を m [kg]，加速度を a [m/s²]，そして外力を F [N] とすると，3章でも学習したようにこれらには次のような関係が成り立つ。

$$ma = F \qquad 9\text{-}1 \text{*1}$$

式9-1は一般的に運動方程式と呼ばれる。この式から，同じ大きさの外力が作用したとき，質量 m の大きさが大きいほど発生する加速度は小さくなることがわかる。これより，質量はある運動状態から別の運動状態に移行するときの抵抗（変わりにくさ）の大きさを表す物理量であると考えることができる。もしも質点に作用する力 F が存在しないとすると，加速度 a もゼロであり，質点は静止又は等速度運動することになる。このことから，運動の第2法則は"慣性の法則"とも呼ばれている第1法則を含んでいることがわかる。

ここで，図9-1に示すように，落下する質量 m の物体の運動を考える。落下し始めた位置を原点として下方向に x 座標をとる。g を重力加速度（= 9.8 m/s²）*2

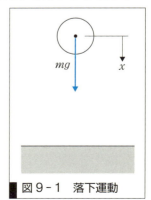

図9-1　落下運動

*1 プラスアルファ
3章では $F = ma$ としているが，加速度 a は未知数であるため，方程式を記述する際の慣例にならい，式9-1のように表す場合が多い。

*2 ＋αプラスアルファ
g の大きさは，地球上の場所や高さによってわずかに異なるが，その差は最大でも 0.5%程度であるため，地球上のどこであっても g の大きさは 9.8 m/s² で考えてよい。

とし，物体には重力（$=mg$）以外の外力は作用しないとすれば，重力の作用方向は物体の運動方向と同一方向であるため，式9-1に示した運動方程式は次のように書ける．

$$ma = mg \qquad 9-2$$

式9-2を整理後，加速度aは$a = \dot{V} = \ddot{x}$である*3ことに注意して時間tで積分すると，

$$V = gt + A_1 \qquad 9-3$$

となる．

式9-3をさらに積分すると，

$$x = \frac{1}{2}gt^2 + A_1 t + A_2 \qquad 9-4$$

が得られる．

式9-3と式9-4におけるA_1とA_2はそれぞれ積分定数であり，運動の初期条件によって決定される．たとえば，$t=0$のとき$x=0$，$V=0$とすればA_1とA_2はともにゼロとなり，物体が落下する速度Vと移動距離xはそれぞれ時間tの関数として次のように与えられる．

$$V = gt, \quad x = \frac{1}{2}gt^2 \qquad 9-5$$

一般的に，空気中や水中を運動する物体には運動を妨げようとする流体抵抗が作用するため，このことも考慮して運動方程式を立てる必要がある．そこで，図9-1に示した落下運動する物体に対して，重力のほかに速度Vの1乗に比例する空気抵抗力CV（C：比例定数）が作用する場合の運動を考える*4．このときの物体の運動方程式は，式9-2に書かれたものから次の変数分離型の1階線形微分方程式に改められる．

$$m\frac{dV}{dt} = mg - CV \qquad 9-6$$

積分定数をA_3として式9-6を積分し，時間tについて解くと，

$$t = \int \frac{m}{mg - CV} dV + A_3 = -\frac{m}{C}\ln(mg - CV) + A_3 \qquad 9-7$$

となる*5．

運動の初期条件として$t=0$のとき$V=V_0$とするならば，積分定数A_3は，

$$A_3 = \frac{m}{C}\ln(mg - CV_0) \qquad 9-8$$

と表せる．

これを式9-7に代入し，速度Vについて解くと*6，

$$V = \frac{mg}{C} - \left(\frac{mg}{C} - V_0\right)e^{-\frac{C}{m}t} \qquad 9-9$$

となる．

*3
Vとxは，それぞれ物体の速度と移動距離で，Vとxの上部につけた˙や¨は，それぞれ時間tによる1階微分，2階微分を意味する．

*4
物体が，空気や水などの流体中を運動するときに受ける流体抵抗は，物体の形状，運動速度や流体の種類に依存する．その抵抗力はおおよそ，低速の場合は速度の1乗に，中速の場合は速度の2乗にそれぞれ比例するといわれている．

*5
工学ナビ
式9-7のlnは2章の「予習」にもあるように，底を自然数eとする対数，つまり自然対数であることに注意しよう．

*6
Let's TRY!!
実際に式9-9を導いてみよう．

9-1 質点の運動方程式

[*7] **Let's TRY!!**
横軸に時間 t, 縦軸に速度 V をとって, 式9-9の変化グラフをかき, V_∞ と V_0 の大小関係が V の変化にどのように影響を与えるのかを確認してみよう。

式9-9において時間 t は自然数 e の負のべき乗数を構成しているため, 時間が経てば経つほど, つまり $t \to \infty$ になると速度 V は初速度 V_0 の大きさに関係なく極限値 $V_\infty = mg/C$ に近づく[*7]。極限値 V_∞ は質量 m の物体が落下運動する際の最終的な速度で, **終速度**(terminal velocity)と呼ばれ, 雨滴や霰などの運動がこれに該当する。

次に, 図9-2に示すような x-y 座標系のもとで, 水平面と角度 θ をなす方向に初速度 v_0 で放射される物体の運動を考える。ここでは, 前述したような空気抵抗は物体に作用しないものとする。

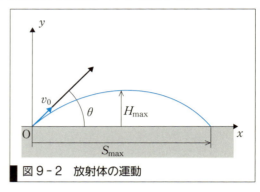

図9-2　放射体の運動

y 軸方向には図9-1の x 軸の場合と同様, 重力が作用するが, x 軸方向には作用する力はない。したがって, $\ddot{x}$, $\ddot{y}$ をそれぞれ x と y の各軸方向の加速度成分とすると, 各軸方向の運動方程式は,

$$\begin{cases} m\ddot{x} = 0 \\ m\ddot{y} = -mg \end{cases} \quad 9\text{-}10$$

となる。初期条件 $t = 0$ においては,

$$\begin{cases} \dot{x}_0 = v_{x0} = v_0 \cos\theta, & x = 0 \\ \dot{y}_0 = v_{y0} = v_0 \sin\theta, & y = 0 \end{cases}$$

であるとして, 式9-10を積分すると各軸方向の速度については,

$$\begin{cases} v_x = v_0 \cos\theta \\ v_y = v_0 \sin\theta - gt \end{cases} \quad 9\text{-}11$$

さらに, 式9-11を積分することにより各軸方向の移動距離は,

$$\begin{cases} x = v_0 t \cos\theta \\ y = v_0 t \sin\theta - \dfrac{1}{2}gt^2 \end{cases} \quad 9\text{-}12$$

となり, 式9-12から t を消去すると放射体の運動軌跡として, 次のような放物線を表す式が得られる。

$$y = x\tan\theta - \dfrac{g}{2v_0^2 \cos^2\theta} x^2 \quad 9\text{-}13$$

放射体の最大到達距離 $S_{\max}$ は, 式9-12において $y = 0$ とおいた x に相当するので, 例題7-4と同様に

$$S_{\max} = \dfrac{v_0^2}{g}\sin 2\theta \quad 9\text{-}14$$

となり, $\theta = 45°$ のときに $S_{\max}$ は最大となる。また, 最大到達高さ

H_max に達したときには $v_y = 0$ となる。これに要する時間 t は，式 9-11 より $t = (v_0/g)\sin\theta$ となる。これを式 9-12 の第 2 式に代入することによって，最大到達高さ H_max は次のように求められる。

$$H_\mathrm{max} = \frac{v_0^2}{2g}\sin^2\theta \qquad 9\text{-}15$$

実際は先の例の場合と同様，空気抵抗による影響も考慮しなければならない[*8]。

9-1-2 拘束された条件下での運動

床面や斜面などに置かれた物体，またはロープなどによって接続された物体の運動を考えるときには，物体は特定の面や線上に拘束されて運動することになるので，これらの面やロープから物体に作用する反力や張力も考えなければならない。このような運動は，**拘束運動**（constrained motion）と呼ばれる。このとき，面やロープから物体に作用する反力や張力は拘束力となる。また，このように運動を制限する条件を拘束条件という。内燃機関のピストンの運動やリンク機構などに代表されるように，機械には多くの拘束運動がある。

[*8] Let's TRY!!
前例と同様，速度の 1 乗に比例する空気抵抗力が作用する場合の放射体の運動を考えてみよう。

例題 9-1 定滑車に伸縮しないロープをかけ，そのロープの両端に m_1 と m_2 ($m_1 < m_2$) の質量の異なる物体を静かにつり下げた図 9-3 に示す装置[*9] において，物体の加速度とロープの張力を求めよ。ただし，滑車とロープの質量，摩擦は無視[*10] する。

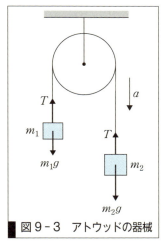

図 9-3 アトウッドの器械

[*9] 工学ナビ
この装置は，**アトウッドの器械**（Atwood's machine）といわれ，物体の加速度 a の値を測定することで，自由落下の法則を確認することができる。

[*10] 滑車の質量が無視できない場合は，13 章で紹介する慣性モーメントを考慮しなければならない。慣性モーメントを考慮した運動方程式は，14 章で紹介する。

解答 滑車とロープの質量，摩擦は無視できるため，m_1 と m_2 の各物体には同じ張力 T が作用する[*11]。さらにロープは伸縮しないから，2 つの物体の加速度はともに同じ a であり，各物体についての運動方程式は次のようになる。

$$\begin{cases} m_1 a = -m_1 g + T \\ m_2 a = m_2 g - T \end{cases}$$

これらの式を連立して解くと，加速度 a は，

$$a = \frac{m_2 - m_1}{m_1 + m_2} g$$

[*11] 滑車の質量と摩擦を考慮しなければならない場合は，m_1 と m_2 の各物体に作用する張力は異なる。

となり，2つの物体の質量差が小さい場合には，加速度 a の大きさも小さくなることがわかる。また，ロープの張力 T は次のように求められる。

$$T = \frac{2m_1 m_2}{m_1 + m_2} g$$

例題 9-2 [*12] 図9-4に示すように，半径 r の滑らかな円筒の頂点上に置かれた質量 m の物体が，初速度ゼロで円筒面に沿って滑り落ちる。任意位置における接線方向の速度と，物体が円筒面から受ける反力を求めよ。ただし，物体と円筒面との間の摩擦は無視できるものとする。

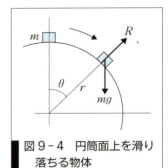

図9-4 円筒面上を滑り落ちる物体

解答 物体は円筒面に沿った円運動[*13]を行うため，7-1節で学習したように接線加速度 a_t と法線加速度 a_n はそれぞれ次のように与えられる。

$$\begin{cases} a_t = \dfrac{dv}{dt} = \dot{v} \\ a_n = \dfrac{v^2}{r} \end{cases}$$

したがって，接線方向の運動方程式は次のようになる。

$$m\dot{v} = mg \sin\theta$$

ここで $\dot{v} = \dfrac{dv}{dt} = \dfrac{dv}{d\theta}\dfrac{d\theta}{dt} = \dfrac{v}{r}\dfrac{dv}{d\theta} = \dfrac{1}{2r}\dfrac{dv^2}{d\theta}$ の関係が成り立つから，上の運動方程式は次のように書き直せる。

$$\frac{1}{2r}\frac{dv^2}{d\theta} = g\sin\theta$$

これを初期条件 $\theta = 0$ において $v = 0$ のもとで積分すると，接線方向の速度 v は，次のように求められる。

$$v^2 = 2rg(1-\cos\theta)$$

また，円筒面から物体に作用する反力を R とするならば，法線方向の運動方程式は，

$$m\frac{v^2}{r} = -R + mg\cos\theta$$

となる。

この式に先に求められた速度 v を代入して反力 R について解くと，次式が得られる。

[*12] この例題は，10章で学ぶエネルギー保存の法則を適用しても解くことができる。

[*13] **ヒント** 物体は，初速度ゼロから徐々に速度を増していく円運動を行う。このため，物体の運動は等速円運動ではなく，接線加速度 a_t はゼロではない。

$$R = mg\cos\theta - m\frac{v^2}{r} = mg(3\cos\theta - 2)$$

なお，物体が円筒面から離れて落ちるときには，反力は作用しなくなるため $R=0$ の条件より，そのときの角度 $\theta_{\max}$ は次のように求められる。

$$\theta_{\max} = \cos^{-1}\left(\frac{2}{3}\right) = 48.2°$$

9・2　ダランベールの原理

自動車や電車が発進するとき，乗客は背もたれなどに押しつけられたり，それらの進行方向と反対方向に引張られるように感じることがある。ここでは，このような運動中に起こっている物理現象を理解する上で便利な考え方を紹介する。

運動方程式9-1は，数学的に次のように変形することができる。

$$F + (-ma) = 0 \qquad 9-16$$

式9-16は，左辺第2項 $(-ma)$ を質量 m の物体に作用する力とみなすならば，この力と物体に作用している複数の力とのつり合い式であると考えることができる。これを**ダランベールの原理**（d'Alembert's principle）という。$(-ma)$ は a という加速度を与える際に発生する物体の慣性による力という意味で**慣性力**（inertia force）と呼ばれ，物体に生じる加速度とは反対向きの見かけの力である。つまり，力 F が外部から物体に作用する作用力に対して，慣性力 $(-ma)$ は反作用力とみなすことができる。このように，慣性力を外部から物体に作用する力と一緒に考えることによって動力学の問題を静力学的に取り扱うことができるようになる。

ここで，図9-5に示すように，加速度 a で等加速度運動している電車の中で質量 m の物体を天井から糸でつるしたときの糸の張力 T と，糸が鉛直軸となす角 θ を求めてみよう。物体に作用する水平方向と鉛直方向の力のつり合い式は，それぞれ次のようになる。

$$\begin{cases} T\sin\theta - ma = 0 \\ T\cos\theta - mg = 0 \end{cases} \qquad 9-17$$

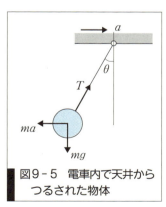

図9-5　電車内で天井からつるされた物体

これらより，

$$T = m\sqrt{a^2 + g^2}, \qquad \theta = \tan^{-1}\frac{a}{g}$$

が得られる。

前述したように，自動車や電車に乗車しているとき，加速時に乗客が背もたれに押しつけられるのは，このような慣性力による影響である。

9・3 求心力と遠心力

7章や8章で学習したように，図9-6に示すような半径 r の円周上を速度 v で等速円運動する質量 m の物体は，その中心 O に向かい $a_n = v^2/r = r\omega^2$ の法線加速度を受ける。このため，運動法則により物体には中心 O に向かって

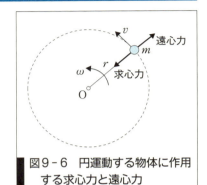

図9-6 円運動する物体に作用する求心力と遠心力

$$F = m\frac{v^2}{r} = m\frac{(r\omega)^2}{r}$$
$$= mr\omega^2 \qquad 9-18$$

の力が作用する。この力を**求心力**（centripetal force）という。また，円運動する物体には求心力の反作用として，求心力と大きさが等しく外向きの慣性力が働く。このような見かけの力を，**遠心力**（centrifugal force）という。たとえば，物体にひもをつけて回転運動させるときには，ひもの張力は求心力を与えるが，反対に物体は遠心力によりひもを外側に引張ることになる。

図9-7に示すように，質量 m のおもりを長さ l の糸でつり，角速度 ω で鉛直軸まわりに回転させる**円すい振り子**（conical pendulum）の運動を考えてみよう。回転運動にともなっておもりが描く円運動の半径を r，鉛直軸と糸とがなす角度を θ，糸の張力を T とすると，おもりに働く遠心力 $mr\omega^2$ は糸の張力の水平方向成分とつり合う。このため，水平方向の力のつり合い式は，

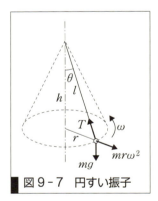

図9-7 円すい振子

$$mr\omega^2 = T\sin\theta \qquad 9-19$$

となる。さらに，鉛直方向の力のつり合い式は，次のように書ける。

$$mg = T\cos\theta \qquad 9-20$$

式9-19と式9-20から T を消去し，さらに振り子の高さを h とすると，

$$\tan\theta = \frac{r}{h} = \frac{r\omega^2}{g} \qquad 9-21$$

となり，角速度 ω と1分間当たりの回転数 n はそれぞれ次のように h の関数となる。

$$\omega = \sqrt{\frac{g}{h}}, \quad n = \frac{30}{\pi}\sqrt{\frac{g}{h}}$$

9-22

つまり，角速度（回転数）が低くなると振り子の高さは高くなるが，角速度（回転数）が高くなると振り子の高さは低くなる。このような特性は，図9-8に示すような遠心調速機として，内燃機関，蒸気タービンや水車などの回転機械の角速度（回転数）の制御に応用されている。

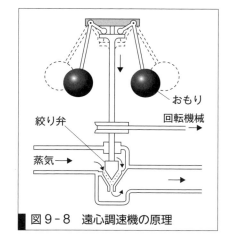

図9-8 遠心調速機の原理

例題 9-3 300 rpm の回転数で回転する円すい振り子の高さ h を求めよ。さらに，回転数に±10 %の回転変動がある場合，振り子の高さはどのように変わるか。

解答 式9-22の第2式を h について解き，数値を代入すると，

$$h = \left(\frac{30}{\pi}\right)^2 \frac{g}{n^2} = \left(\frac{30}{\pi}\right)^2 \frac{980}{300^2} = 0.99 \text{ cm}$$

となる。また，回転数が10 %だけ増すと，その高さ h_1 は，

$$h_1 = \left(\frac{30}{\pi}\right)^2 \frac{980}{330^2} = 0.82 \text{ cm}$$

となり，反対に10 %回転数が減ると，その高さ h_2 は，

$$h_2 = \left(\frac{30}{\pi}\right)^2 \frac{980}{270^2} = 1.23 \text{ cm}$$

となる。

このような高さの差を利用して，燃料や蒸気などのバルブ（弁）の開閉を制御することで機械装置の回転数を一定にする機構が種々考案され，実用化されている。

演習問題　A　基本の確認をしましょう

9-A1　例題 9-1 に示したようなアトウッドの器械において，質量 $m_1 = 15$ kg と $m_2 = 16$ kg の 2 つの物体をロープの両端に取りつけ，定滑車にロープをつるして静かに放したところ，物体が 1.5 m だけ移動するのに 3.09 s の時間を要した。この結果から，重力加速度 g を求めよ。

9-A2　ある列車が 60 km/h で走行している。列車にはその重さの 1/50 の走行抵抗が作用するならば，動力を止めてからどれだけ走って停止するか。

9-A3　図アに示すように，質量 m の物体が高さ h，長さ l の坂を重力だけで滑りながら下ったときの，ふもとでの速度 v を求めよ。ただし，物体の初速度はゼロ，物体と坂の間の動摩擦力を f とする。

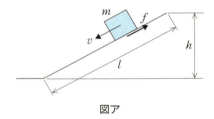

図ア

9-A4　図イに示すように，水平面と角度 α をなす斜面に対して，斜面と角度 β をなす方向に初速度 v_0 で物体を投げる。投げた場所を起点として斜面に沿って物体が到達する距離 S を求めよ。

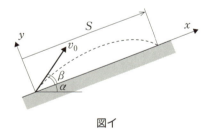

図イ

9-A5　加速度 2 m/s^2 で上昇するエレベーターに質量 60 kg の物体が載っている。その物体が床から受ける反力はいくらになるか。また，同じ加速度で降下する場合の反力はいくらか。

9-A6　列車が半径 2500 m のカーブを 200 km/h で通過する。このとき，遠心力による側圧がレールに作用しないようにするためには，外側のレールを内側のレールよりもどれだけ高くすればよいか。ただし，外側と内側のレール間隔は 1435 mm であるとする。

演習問題 B　もっと使えるようになりましょう

9-B1　ある物体が，速度に比例する空気抵抗力（比例定数 C）を受けて自由落下している。終速度を V とし，自由落下を始めてから $V/2$ の速度になるのに要する時間を求めよ。ただし，物体の初速度はゼロとする。

9-B2　図ウに示すように，水平な机の上に置いた質量 $m_1 = 5$ kg の物体①を，回転抵抗がない滑車を介してロープで質量 $m_2 = 2$ kg，$m_3 = 3$ kg の物体②と③と結び，静かに放したところ加速度 a で物体②と③は落下し，これにともなって物体①も移動した。物体①と②，物体②と③との間に生じるロープの張力 T_1，T_2 と，加速度 a を求めよ。ただし，ロープは伸縮せず，また物体①と机との間には動摩擦力（動摩擦係数 $\mu_k = 0.1$）が生じるものとする。

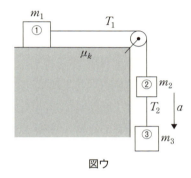

図ウ

9-B3　図エのように，質量 m_1 の物体①に取りつけた伸縮しないロープを回転抵抗が無視できる滑車を介して質量 m_2 の物体②に結び，物体①を手で支えて静止させた。その後，物体①から手を静かに放したところ物体①と②はともに移動し，物体①は静止位置から S の距離だけ移動後，停止した。物体①の移動距離 S を求めよ。ただし，物体①と机との間の動摩擦係数は μ_k，物体②と床面との間の距離は h であるとする。

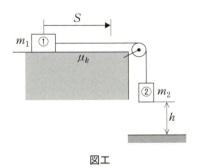

図エ

9-B4 図オに示すように，円弧 ABC は 半径 r の円筒面の一部で，線分 OB は水平面に対して垂直，$\angle \text{AOB} = \pi/2$，また $\angle \text{BOC} = \alpha$ である。点 A に質量 m の物体を置いて静かに放したところ，物体は円弧 ABC に沿って滑り出し，点 C から v_C の速度で飛び出した。速度 v_C と，飛び出す瞬間に円筒面から物体に作用する反力を求めよ。ただし，物体と円筒面との間の摩擦は無視できるものとする。

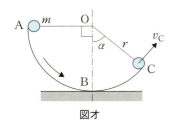

図オ

あなたがここで学んだこと

この章であなたが到達したのは

- □ 運動方程式の意義を説明できる
- □ 質点に作用する力を正確にベクトル表示でき，それに基づいて運動方程式を表すことができる
- □ 運動方程式を解析的に解き，運動の時間的変化を説明できる
- □ ダランベールの原理を説明できる

　本章では，物体に作用する外力やその分力が，物体の運動を促す方向に働くのか，または妨げる方向に働くのかの見きわめを行い，ニュートンの運動法則に基づいた運動方程式の立て方と，その解き方を学習した。さらに，慣性力の概念を導入することで，動力学的問題を静力学的に置き換えられることも学習した。一般的に，要素や部品を含めた多くの機械は，質量のみならず形状も有している。したがって，これらの機構設計などを行う際には，本章で紹介した並進運動に加えて，14 章で学習する剛体の回転運動についての理解も必要である。物体の運動についての概念を確実に習得してほしい。

10章 仕事とエネルギー

　私たちは暮らしのなかで電気を当たり前のように使用している。発電の形態には，水力，火力，原子力の利用が一般的である。水力発電の方式のうち図Aに示すダム式を例にとると，高い位置にある取水ダムに蓄えられた水を，水の落差を利用して水圧管を通して水車に流し，水車に接続された発電機を回転させ発電を行っている。このように高い位置にある水を用いて，発電が行えるというのはいったいどのような原理によるのだろうか？

　また，図Bに示すような多くの遊園地にあるジェットコースターについて考えてみると，その車両に動力はないが，乗客を乗せてアップダウンや旋回，宙返りなどの運動を行ってからスタート地点まで戻るようになっている。これはいったいどのような原理に基づいて実現できているのだろうか？

　本章を通して，どうしてこのような運動が実現できるのか，説明できるように学習していこう。

図A　発電の原理

図B　ジェットコースター
（提供：八木山ベニーランド）

● この章で学ぶことの概要

　本章では，まず力学的な仕事の意味について学び，仕事が保存力の作用によるのか，それとも非保存力の作用によるのかで，扱いが異なることを学習する。続いて，仕事とエネルギーの関係を理解し，エネルギー保存則について学ぶこととする。工業力学の分野において，とても重要で応用範囲の広い概念を学ぶので，しっかりと理解してほしい。

> **予習 授業の前にやっておこう!!**
>
> 1. 高さ h [m] から自由落下させた質量 m [kg] の物体が高さ 0 m に到達するときの速度を求めてみよ。ただし，重力加速度は g [m/s^2] とする。
> 【10-1節，10-3節に関連】
>
> 2. フックの法則とは何か，調べておこう。【10-1節に関連】
>
> 3. エネルギーはどのような形態に分類されるか考えてみよう。
> 【10-2節，10-3節に関連】

10-1 仕事

変速機つきの自転車に乗って長い上り坂を上るとき，変速比を上げてペダルをこぐ力を少なくすると，ペダルを回転させやすくなることは，誰もが経験したことがあるであろう。坂の下から同じ高さまで上るのに，変速比を少し下げてこぐ回数を少なくした場合と，坂を上るという運動において，違いがあるのであろうか。このような疑問に答えられるように，本節で力学的に仕事の意味について考えることにする。

10-1-1 仕事と単位

図 10-1 に示すように，物体に外力 F を作用させて，その外力の方向に移動距離[*1] s が生じたとき，外力 F と距離 s との積 Fs を外力 F が物体にした**仕事**（work）といい，次式のように記号 W で表す。

$$W = Fs \qquad \text{10-1}$$

また，図 10-2 に示すように移動方向と外力の方向が異なり，一定の角度 θ をもつときの仕事 W は，

$$W = F\cos\theta \times s = Fs\cos\theta \qquad \text{10-2}$$

と表せる[*2]。

[*1] 移動した経路に沿ってはかった長さである。

[*2] 仕事を考えるときは，物体が動いた方向に，どのくらいの力が働いたのかをみていくことが大事である。

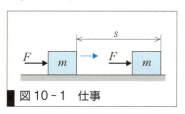

図 10-1　仕事

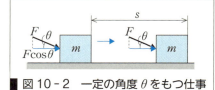

図 10-2　一定の角度 θ をもつ仕事

さらに，物体が図 10-3 に示すような経路で，地点 0 から s まで移動する場合の仕事 W は，外力と経路の接線とのなす角度を θ として，

$$W = \int_0^s F\cos\theta \, ds \qquad \text{10-3}$$

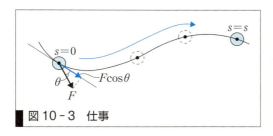

図 10-3 仕事

で求めることができる*3。

仕事は，力と移動距離の積（内積）で与えられるので，スカラー量であり，単位は，ジュール［J］(＝ Nm)を用いる*4。

10-1-2 重力の作用による仕事

図 10-4 に示すように，基準 A から h だけ離れた位置 B に向かって質量 m の物体を自由落下させる。この場合，重力 mg の方向に座標 x の正の向きをとると，外力の作用する方向と運動の方向が一致する。移動距離が h であるので，重力がこの物体にする仕事は，次のようになる。ここで，g は重力加速度であり $9.8\,\mathrm{m/s^2}$ である。

$$W = \int_0^h mg\,dx = mgh \qquad \text{10-4}$$

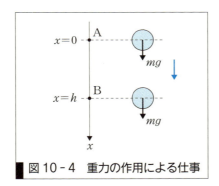

図 10-4 重力の作用による仕事

例題 10-1 上記の自由落下のときとは逆に，物体に力を加えて，h の高さまで質量 m を上昇させるときの重力による仕事を求めよ。

解答 運動の方向が，重力の作用する向きと逆であるから，
$$W = -mgh$$
となる*5。

次に，図 10-5 に示すように，質量 m の物体が水平方向と角度 θ をなす滑らかな斜面上を位置 A から位置 B に距離 l だけ移動するときに，重力がする仕事を求める。図より，移動方向に働く力は $mg\sin\theta$ となるので，次式のように表せる。

$$W = mg\sin\theta \times l = mgl\sin\theta \qquad \text{10-5}$$

*3
➕α プラスアルファ
仕事を求める一般式は，線積分
$$W = \int_A^B \vec{F}\cdot d\vec{s}$$
で表される。

*4
トルクを表す Nm と混同しないこと。
物体に 1 kgf の力が作用し，その方向に 1 m の変位が生じるときの仕事は，1 kgf ＝ 9.8 N であるので，
 1 kgf × 1 m
 ＝ 1 × 9.8 N × 1 m
 ＝ 9.8 Nm ＝ 9.8 J
となる。

*5
Don't Forget!!
仕事の符号がマイナスとなることから，重力に逆らって，加えた力が仕事を行うことがわかる。この関係はよく理解しておこう。

ここで，$l\sin\theta$ は，斜面上の点 A-B 間の鉛直距離 h に等しい。これを式 10-5 に代入して，仕事は，次式のように求められる。

$$W = mgh \tag{10-6}$$

この結果より重力の作用による仕事の大きさは，斜面の斜角 θ とは無関係に求められ，鉛直方向の距離にのみ関係することがわかる。つまり，重力のする仕事は，その経路には無関係に初めと終わりの位置により決定される。このように力のなす仕事が，初めと終わりの2点間の位置だけで決まり，途中の経路によらない力を**保存力**（conservative force）という。

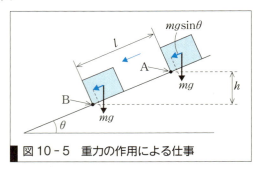

図 10-5 重力の作用による仕事

例題 10-2 図 10-5 において，初速度ゼロで点 A から点 B に滑り降りるときの到達速度を求めよ。ただし，摩擦による損失はないものとする。

解答 物体に生じる加速度を a とすると，運動方程式は，
　$ma = mg\sin\theta$
となる。よって，$a = g\sin\theta$ である。求める速度を v とすると，
　$v = at$, $l = at^2/2$ 　となり，$t = \sqrt{2l/a}$ 　を得る。
よって，$v = a\sqrt{2l/a} = \sqrt{2al} = \sqrt{2g\sin\theta \cdot l}$ と求められる。

10-1-3 ばねのする仕事

図 10-6 に示すように，ばねは作用させた力と変位（伸び）の関係が連続的に変化することが知られている。ばねを自然の状態から x だけ変化させるのに必要な力 F は，フックの法則[6]により，

$$F = kx \tag{10-7}$$

である。ここで，k を**ばね定数**（spring constant）といい，単位は N/m である。また，このときの仕事 W は，

$$W = \int_0^x F dx = \int_0^x kx dx = \frac{1}{2}kx^2 \tag{10-8}$$

である。この積分の値は，図 10-6 (b) の斜線部の面積に等しい。

[6] フックの法則は，p.49 参照

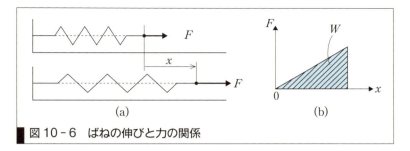

図 10-6 ばねの伸びと力の関係

例題 10-3 ばね定数 10000 N/m のばねを，10 mm から 60 mm に引き伸ばすのに必要な仕事を求めよ。

解答 式 10-8 より，

$$W = \frac{1}{2}k(x_2^2 - x_1^2) = \frac{1}{2} \times 10000 \times (0.06^2 - 0.01^2) = 17.5 \text{ J}$$

と求められる。

10-1-4 摩擦力[*7] が作用する場合の仕事

[*7] 摩擦力については，3 章を参照のこと。

図 10-7 に示すように，**動摩擦係数** μ_k の水平面上で質量 m の物体に外力 F を作用させ，位置 A から位置 B へ距離 l だけ移動させる場合の仕事について考えてみよう。外力の大きさを最大静止摩擦力より大きくすると，物体は動き出す。ひとたび動いてしまえば，物体には移動方向とは逆の向きに最大静止摩擦力よりも小さな大きさの動摩擦力 $\mu_k mg$ が作用するので，物体を移動させるためには $\mu_k mg$ より大きな力を移動方向に与えればよい。したがって，物体を移動させるのに必要な最小限の仕事 W は，

$$W = \int_0^l \mu_k mg \, dx = \mu_k mgl \qquad 10\text{-}9$$

となる。**動摩擦力**（kinetic friction）は，移動方向とは逆向きに作用するので，負の仕事しかしない。また，動摩擦力は，力のする仕事が物体の移動の始点と終点で決まる保存力とは異なり，始点から終点までの経路に沿って測った移動長さに依存する**非保存力**（non-conservative force）である。

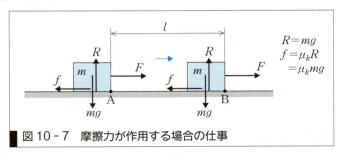

図 10-7 摩擦力が作用する場合の仕事

例題 10-4 図10-8は摩擦力の作用する床の上に質量 m の物体を置き、2通りの経路で地点Aから地点Bまで移動させる場合を、上から見た図である。床と物体の間の動摩擦係数を μ_k として、経路の違いによる仕事の違いを比較せよ。

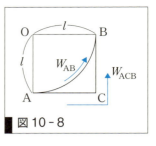

図10-8

解答 図のように経路ごとの仕事を W_{AB}, W_{ACB} とする。
$$W_{AB} = \mu_k mg \times 0.5\pi l = 0.5\pi l \mu_k mg$$
$$W_{ACB} = \mu_k mg \times 2l = 2l\mu_k mg$$
と求められるので、$W_{ACB} > W_{AB}$ である。

10-1-5 モーメントによる仕事

図10-9に示すように、物体に一定の力 F を作用させて軸Oのまわりに θ だけ回転させるものとする。力の作用する点の軸Oからの距離を r として、力 F のする仕事 W を求めると、次式のようになる。

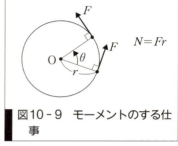

図10-9 モーメントのする仕事

$$W = Fr\theta \qquad 10\text{-}10$$

ここで、Fr は、軸Oに関する**モーメント**(moment of force)であり、**トルク**(torque)である。ここで、$N = Fr$ とおくと、

$$W = N\theta \qquad 10\text{-}11$$

と表せる。よって、回転運動の場合の仕事は、モーメント(トルク)N と角変位 θ の積となることがわかる。

*8
工学ナビ
ねじりばねの場合も式10-8と同様に、ばねを自然の状態から θ だけ変化させるのに必要な仕事 W は、
$$W = \int_0^\theta N d\theta = \int_0^\theta k_\theta \theta d\theta$$
$$= \frac{1}{2} k_\theta \theta^2$$
と表せる。
ばねにねじりを与えるために必要なトルク N は、$N = Fr$ と表せるので、半径方向の距離 r は、加える力 F の大きさに影響を与える。

例題 10-5 図10-10のようにねじりばね剛性 k_θ [Nm/rad] のばねを、棒で半径 r [m] の位置でねじるとする。$\pi/4$ rad から $\pi/2$ rad までねじるとき、棒を回すための仕事を求めよ[*8]。

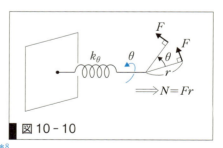

図10-10

解答 仕事は、
$$W = \frac{1}{2} k_\theta (\theta_2^2 - \theta_1^2)$$
$$= \frac{1}{2} k_\theta \left\{ \left(\frac{\pi}{2}\right)^2 - \left(\frac{\pi}{4}\right)^2 \right\}$$

$$= \frac{3\pi^2 k_\theta}{32} \text{[J]}$$

と求められる。

10-1-6 動力（仕事率）

図 10-11 に示すような傾斜のある面上を，位置 A から h だけ高い位置 B に物体を移動させる場合など，同じ仕事量でも 1 分間で行えばよい場合と 30 秒で終わらせなければならない場合などがある。このように，結果は同じでもその経過にかかる時間によって，大変さが違うことは経験したことがあるであろう。この大変さをはかるものとして，単位時間当たりに仕事ができる能力を表す量の**動力**（power）H がある。微小時間 dt の間に $dW = Fdl$ の仕事をするための動力 H は，

$$H = \frac{dW}{dt} = \frac{Fdl}{dt} = Fv \quad \text{10-12}$$

と表される。動力の単位は，ワット［W］（= Nm/s = J/s）を用いる。動力は，**仕事率**（power）とも呼ばれる。

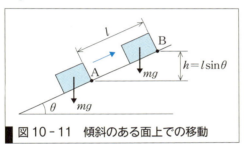

図 10-11 傾斜のある面上での移動

図 10-12 のように回転運動をしている物体に外力 F を作用させて，回転させ続けるために必要な動力を求めてみる。このときの動力は，微小時間 dt 間の角変位を $d\theta$ とすると，$dl = rd\theta$ であるので

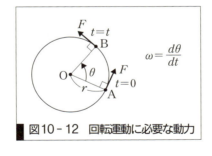

図 10-12 回転運動に必要な動力

$$H = \frac{Fdl}{dt} = \frac{Frd\theta}{dt} = Fr\omega = N\omega \quad \text{10-13}$$

となる。ここで，N はトルク［Nm］，ω は角速度［rad/s］である。

例題 10-6 定格出力が 1 kW のモーターが回転数 3000 rpm（= 1/min = min^{-1}）で出力するトルクを求めよ。

解答 式 10-13 より

$$N = \frac{H}{\omega} = \frac{1000}{\left(\frac{2\pi \cdot 3000}{60}\right)} = \frac{1000}{100\pi} = \frac{10}{\pi} \fallingdotseq 3.18 \text{ Nm}$$

と求められる。

10·2 エネルギー

多くの遊園地には，ジェットコースターと呼ばれる遊具がある。この車両は，動力を有していないが，いったんレールの最高点まで引き上げられたあとは，乗客を乗せてアップダウンや旋回，宙返りなどの運動を行い，スタート地点まで戻るようになっている。本節を通して，どうしてこのような運動が実現できるのか，説明できるように学習していこう。

10·2·1 エネルギーの種類

高い位置にある物体や運動している物体，さらには伸縮されたばねなどは，他の物体に接触したときに相手に対して影響を与えることができる[*9]。この状態のことを，エネルギーを有しているという。高いところに存在する物体や伸縮されたばねのもつエネルギーを，**位置エネルギー**（potential energy）と呼ぶ。また，運動している物体のもつエネルギーを**運動エネルギー**（kinetic energy）と呼ぶ。これらのエネルギーを総称して，**力学的エネルギー**（mechanical energy）または**機械的エネルギー**という。エネルギーの単位は，仕事と同じ単位 J で表される。

[*9] 仕事をする能力をもっているという。

10·2·2 位置エネルギー

地上から h の高さに質量 m の物体がある場合を考える。このとき，この物体は，式 10-4 より mgh の仕事をすることができるといえる。これを物体のもつ**位置エネルギー**（**ポテンシャルエネルギー**）といい，U で表す。位置エネルギーは，次のように表せる。

$$U = mgh \qquad 10\text{-}14$$

自然の状態から x だけ変化した位置にあるばねの**復元力**（restoring force）がもつエネルギー（**弾性エネルギー**：elastic energy）は，式 10-8 より

$$U = \frac{k}{2}x^2 \qquad 10\text{-}15$$

で表すことができる。重力のみが作用する場合と異なり，ばねの場合は伸縮距離に比例して力の大きさが増加するので，式 10-15 のように表される。

10-2-3 運動エネルギー

図10-13に示すように，初速度v_Aで運動している物体が運動方向とは逆向きに外力Fを受けて，距離xだけ移動して静止したとする。静止する間に外力Fがこの物体にした仕事は，$W = -Fx$である。つまり，この物体は外部に対して

$$W = Fx \qquad 10-16$$

の仕事をしたことになる。

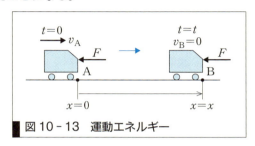

図10-13 運動エネルギー

図10-13のように，物体の速度がv，外力がF（左向き）であったときを考えると，運動方程式は，

$$m\frac{dv}{dt} = -F \qquad 10-17$$

と表せる。また，物体の微小な移動距離dxは$dx = vdt$と書けるので，物体が位置A-B間の移動にともない行う仕事W_{AB}は，

$$W_{AB} = \int_A^B F dx = \int_A^B \left(-m\frac{dv}{dt}\right) v dt \qquad 10-18$$

と表せる。ここで，

$$\frac{d}{dt}v^2 = \frac{d(v^2)}{dv}\frac{dv}{dt} = 2v\frac{dv}{dt} \qquad 10-19$$

である[*10]ので，式10-18は，

$$W_{AB} = -\int_A^B \frac{m}{2}\left(\frac{d}{dt}v^2\right)dt = -\left[\frac{m}{2}v^2\right]_{v_A}^{v_B} = -\left(\frac{m}{2}v_B^2 - \frac{m}{2}v_A^2\right) \qquad 10-20$$

となる。

式10-20より，物体が点A($v = v_A$)から点B($v_B = 0$)まで移動する間に外力Fに抗してする仕事は，$(m/2)v_A^2$に等しいことがわかる。式10-20における$(m/2)v^2$は，速度vで運動している質量mの物体の仕事をする能力を表しており，これを物体のもつ**運動エネルギー**と呼び，Kで表す。

次に，図10-13で，物体に外力Fを右向きに作用させ仕事W_{AB}を与えて，物体の速度がv_Aからv_Bに変化する場合を考えると，式10-20は，$W_{AB} = (m/2)v_B^2 - (m/2)v_A^2$となる。これは，物体の運動エネルギーの増加は，物体がされた仕事に等しいことを示している。こ

*10

2章で合成関数の微分について，復習しておこう。

の関係を**エネルギー原理**(work-energy principle)という。

運動エネルギーには，固定軸のまわりを回転する物体のもつエネルギーも含まれるが，これについては14章で詳しく説明する。

例題 10-7 図10-14のように質量 m の物体を，ある高さ h から初速度 0 m/s で自由落下させたとき，物体はばねと一体となって運動してばねを押し下げ，ばねの最大縮み量は δ であった。このときの高さ h を求めよ。ただし，ばね定数を k [N/m]とし，ばねの質量は無視する[*11]。

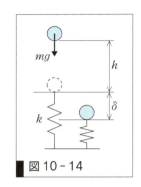

図 10-14

*11
<Let's TRY!!>
例題10-7と条件を逆にして，h が与えられたときの δ を求めてみよう。

解答 ばねが最大に縮んだときの物体の位置を高さの基準と考える。物体が高さ $h+\delta$ の位置でもつ位置エネルギーが，ばねが最大に縮んだときのばねの位置エネルギーに交換されるので，

$$mg(h+\delta) = \frac{1}{2}k\delta^2$$

が成り立つ。よって，次式が得られる。

$$h = \frac{\left(\frac{1}{2}k\delta^2 - mg\delta\right)}{mg}$$

10・3 エネルギー保存の法則

図10-15に示すように，基準面から高さ h にある質量 m の物体を自由落下させる。点A(高さ h_A)における速度を v_A，点B(高さ h_B)における速度を v_B とする。この物体が点A，Bでもつ**力学的エネルギー** E_A，E_B は，位置エネルギーと運動エネルギーの和であり，次式により表される。

$$E_A = mgh_A + \frac{mv_A^2}{2} \qquad 10-21$$

$$E_B = mgh_B + \frac{mv_B^2}{2} \qquad 10-22$$

また，この物体は，重力加速度 g の作用により等加速度運動をしているので，点Aおよび点Bにおける速度は，次のように求められる[*12]。

$$v_A = \sqrt{2g(h-h_A)} \qquad 10-23$$
$$v_B = \sqrt{2g(h-h_B)} \qquad 10-24$$

式10-23，式10-24を，それぞれ式10-21，式10-22に代入すると

*12

実際に求めてみよう。

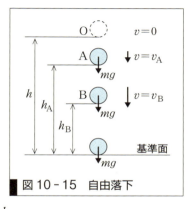

図 10-15 自由落下

$$E_A = E_B = mgh \qquad 10\text{-}25$$

となり，一定であることがわかる。

このことから，重力が作用するような**保存力の場**(conservative force field)で物体がもつ位置エネルギーと運動エネルギーの和(力学的エネルギー)は，経路内の任意の点で常に一定であることがわかる。同様に，ばねの復元力の場合にも力学的エネルギーは，一定であることが証明できる。これを**力学的エネルギー保存の法則**(law of conservation of mechanical energy)といい，次式で表される。

$$E = U + K = 一定 \qquad 10\text{-}26$$

式 10-26 は，力学的エネルギーは，位置エネルギーと運動エネルギーで表され，それぞれが変化しても，その総和は常に一定であるということを示している。

なお，10-1-4 項で述べた摩擦力や空気の抵抗などは非保存力であり，エネルギーが失われている。非保存力が作用すると，力による仕事は経路によって異なるため，力学的エネルギーは保存されない。たとえば，摩擦力に抗して物体を動かすためのエネルギーは，一般的に摩擦面での温度上昇にかかわる熱エネルギーに変わる。このとき，力学的エネルギーのほかに熱エネルギーなども加えて，新たに全エネルギーで考えれば，非保存力が作用する場においても，全エネルギーの量は不変である。これを**エネルギー保存の法則**(law of conservation of energy)という。

例題 10-8　図 10-16 に示す粗い斜面上の点 A から，質量 m [kg] の物体を初速度 v_A [m/s] で斜面の下方に打ち出した。斜面と物体との間の動摩擦係数を μ_k，重力加速度

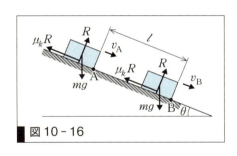

図 10-16

を $g\,[\text{m/s}^2]$ として，斜面上の移動距離 $l\,[\text{m}]$ である点 B まで降下したときの物体の速度 $v_\text{B}\,[\text{m/s}]$ を求めよ。

解答 動摩擦力がする仕事 W_f は，$W_f = -\mu_k mg\cos\theta \cdot l$ である。

重力がする仕事 W_g は，$W_g = mg\sin\theta \cdot l$ である。

エネルギー原理より，次式が成り立つ。

$$\frac{1}{2}mv_\text{B}^2 - \frac{1}{2}mv_\text{A}^2 = W_f + W_g = mgl(\sin\theta - \mu_k\cos\theta)$$

よって，
$$v_\text{B} = \sqrt{v_\text{A}^2 + 2gl(\sin\theta - \mu_k\cos\theta)}$$
を得る。

演習問題 A　基本の確認をしましょう

10-A1 質量 1000 kg の自動車が時速 100 km で走行しているとき，この自動車の有する運動エネルギーを求めよ。

10-A2 天井から長さ 35 cm の糸でおもりをつるし，糸が鉛直と 60° の位置までおもりを引き上げ放した。おもりが最下点に達するときの速度を求めよ。

10-A3 2 kN の荷重を受けて 180 rpm で回転している軸を，直径 50 mm のラジアル軸受で支えている。軸受部の動摩擦係数が $\mu_k = 0.015$ であるとき，摩擦により損失する動力を求めよ。

10-A4 いま，7 kg の物体が 10 m/s の速度で運動している。この物体の速度を 30 m/s の速度まで上げるための仕事は，どれくらいか求めよ。

10-A5 いま，建物の屋上にある地上 30 m のタンクに，水 27 m³ をくみ上げる。このために必要な仕事は，どれくらいか求めよ。ただし，水は 1 L = 1000 cm³ が 1 kg である。

演習問題 B　もっと使えるようになりましょう

10-B1 図アのように半径 $r\,[\text{m}]$ の円形レールをもつ玩具で，質量 $m\,[\text{kg}]$ のミニチュアカーを走らせて円形レールの頂点で落下することなく 1 回転させるためには，スタート地点の高さ $h\,[\text{m}]$ をいくら以上とすればよいか求めよ。

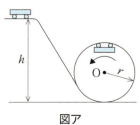

図ア

10-B2 図イのように表面が滑らかな半径 r [m] の円筒の頂点に質量 m [kg] の質点を載せて，初速度が限りなくゼロに近い状態で滑らせる。質点が円筒の表面から離れるときの高さ h [m] を求めよ。ただし，重力加速度を g [m/s^2] とする。

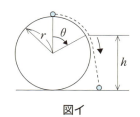

図イ

10-B3 図ウのように長さが $2l$ [m] の振り子を水平の位置で静止させてから静かに落下させる。支点の下方 l [m] のところには釘が打ってある。糸が釘にかかったあとは半径 l [m] の円運動を行うものとする。このとき，糸が水平になる瞬間の角速度 ω [rad/s] を求めよ。ただし，重力加速度を g [m/s^2] とする。

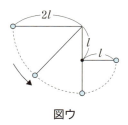

図ウ

10-B4 図エのようにばね定数 [N/m] が k_1，k_2 である 2 つのばねにつながれて水平方向に移動できるようになった質点 m [kg] がある。m がつり合いの位置から右方向に x [m] だけ変位させたときの位置エネルギー U [J] を求めよ。

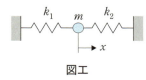

図エ

あなたがここで学んだこと

この章であなたが到達したのは

- □仕事とエネルギーの関係について説明できる
- □動力について説明できる
- □力学的エネルギーについて説明できる
- □力学的エネルギー保存の法則およびエネルギー保存の法則について説明できる

　本章では仕事とエネルギーについての基本法則と原理を学びながら，エネルギー保存の法則の応用について学んできた。生活を取り巻く環境として，遊園地の遊具や水道など，この法則を活用しているが，実在する系では損失をともない，摩擦により熱エネルギーなどに形態が変わることを，記憶にとどめておいてほしい。

11章

運動量，力積と衝突

　物体に力を加える場合，力の大きさとともに力が作用する時間によって，その効果（運動の状態）は大きく変わる。たとえば，運動状態の変化を一定とした場合，短時間で大きな力を加えること，あるいは逆に長時間にわたって小さな力を加えることが必要となり，どちらを採るかは工業操作の目的による。図Aは高層建物の建設現場でよく見かける大型杭打機であり，前者の代表例ともいえる建設機械である。

　2つの物体が衝突するとき，互いにおよぼし合う力のほかに外力が作用しなければ，運動の状態を表す量はその前後で変わらない。このことを調べるために，図Bに示すような**衝突の実験**がある。その原理は簡単であり，衝突前後のおのおのの位置を測定すればそれぞれの速度が求められ，運動の状態やエネルギーの変化が考察できる。このように基礎的な実験によっても，本章で取り扱う知識の多くを学ぶことができる。

図A　大型杭打機
（提供：日本車輌製造株式会社）

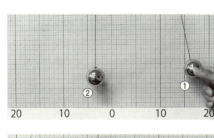

図B　衝突の実験

●この章で学ぶことの概要

　本章では，運動の状態を表す運動量，力の効果を表す力積と運動量変化の関係，ならびに運動量保存の法則を学ぶとともに，運動量保存の法則を用いた問題の代表例といえる衝突問題を学習する。さらに，前章で学んだ仕事とエネルギーの関係を用いた応用的な衝突問題も取り扱う。

予習 授業の前にやっておこう!!

運動方程式：$F = ma = m\dfrac{dv}{dt}$

仕事：$W = Fs$

位置エネルギー，運動エネルギー：$U = mgh$，$K = \dfrac{1}{2}mv^2$

力学的エネルギー保存の法則：$E = U + K = $ 一定

1. 自動車が停止の状態から出発して 20 s 後に速度が 60 km/h になった。駆動力は一定であったとして，自動車の加速度を求めよ。【11-1 節に関連】

2. 質量 m の球を高さ h の位置から地上に自由落下させる。地上に到達するときの速度 v を求めよ。【11-2 節に関連】

3. 弾丸を木に撃ち込むとき，弾丸の速度が v_1 ならば s_1 の深さまで入る。速度が v_2 ならば，どのくらいの深さ (s_2) まで入るか。【11-3 節に関連】

11-1 運動量と力積，運動量保存の法則

10 章では，物体に働く力とそれにともなう変位の積である仕事を考えて，物体におよぼす力の効果について学んだ。ここでは物体に働く力と作用する時間から，同じく物体におよぼす力の効果である力積と運動量，および運動量保存の法則について学習する。

11-1-1 運動量

図 11-1 のように，質量 m の物体に力 F が時間 t の間一定に作用して，速度が v から v' に変化した場合を考えてみる。一定の力がかかり

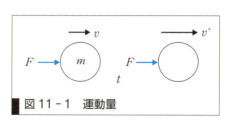

図 11-1　運動量

続けるので，この間は等加速度であり，加速度 a は次のようになる。

$$a = \frac{v' - v}{t} \qquad 11-1$$

これを運動方程式にあてはめると，次式が得られる。

$$F = ma = m\frac{v' - v}{t} = \frac{1}{t}(mv' - mv) = \frac{1}{t}(P' - P) \qquad 11-2$$

ここで，$P = mv$ は**運動量**[*1]（momentum）と呼ばれる**運動の状態（激しさ，あるいは強さ）を表す量**であり，上式の意味は**運動量の時間変化率はその間に作用した力に等しい**ということになる。

次に，力が時間とともに変化する場合を考える。質量は一定だから加速度が時間的に変化することになり，運動方程式を変形していくと，

$$F(t) = m \cdot a(t) = m\frac{dv(t)}{dt} = \frac{d\{m \cdot v(t)\}}{dt} = \frac{dP(t)}{dt} \qquad 11\text{-}3$$

となる。これは**運動量の時間微分はその間に作用した力に等しい**ということである。また，運動量は力や速度・加速度と同様にベクトルであり，大きさと方向をもつ。

[*1] 運動量の単位は kg m/s。

11-1-2 力積

一定力 F が作用する場合の式 11-2 の両辺に時間 t をかけると，

$$Ft = P' - P = mv' - mv \qquad 11\text{-}4$$

が得られる。左辺は物体に作用した力とそれが作用した時間の積であり，Ft を**力積**[*2]（impulse）と呼ぶ。さらに，力 F が時間的に変化する場合，力積は式 11-3 の両辺を時間 t で積分することで次のようになる。

$$\int_{t_1}^{t_2} F(t)dt = \int_{t_1}^{t_2} dP(t) = P(t_2) - P(t_1) = mv_2 - mv_1 \qquad 11\text{-}5$$

以上より，力が一定かどうかにかかわらず**運動量の変化量はその間に作用した力積に等しい**という結果が得られる。ここで，力積が一定であれば運動量の変化量も一定であり，働く力の大きさと作用している時間は反比例の関係となる。すなわち，作用している時間が短い場合には，働く力は大きくなる。とくに，きわめて短時間で作用する大きな力を**衝撃力**（impulsive force）という。衝撃力を利用したものの代表例は，章とびらに示したハンマーによる杭打機や鍛造などである。また，逆に作用している時間が長い場合には，働く力は小さくなる。自動車のバンパーや梱包材がその応用例であり，それらをまとめて**緩衝**（buffer）という。

[*2] 力積の単位は N s。
（運動量の単位 kg m/s を書き換えると (kg m/s²) s = N s)

例題 11-1 質量 50 kg の物体が水平面上を速度 10 m/s で右向きに運動している。このとき左向きに水平面と 30°の方向に 100 N の力が 10 s 間作用したとすると，物体の速度はいくらになるか。

解答 右向きを正として式 11-4 から，次のように計算できる。

$$-100\cos 30° \times 10 = 50v' - 50 \times 10 \quad [*3]$$
$$v' = -7.32$$

よって，左向きに 7.32 m/s となる。

[*3] **Don't Forget!!**
力は運動方向の成分で考える。また，逆向きなので（−）となる。

> **例題 11-2** 質量 10 kg の物体が速度 2 m/s で右向きに運動している。この物体が運動と同じ方向に力 $F(t) = 2t^2$ を 5 s 間受けた場合，物体の速度はいくらになるか。
>
> **解答** 式 11-5 より，次のように計算できる。
> $$\int_0^5 2t^2 \, dt = \left[\frac{2t^3}{3}\right]_0^5 = 83.33 = 10(v' - 2)$$
> $$v' = 10.33$$
> よって，右向きに 10.33 m/s となる。

11-1-3 運動量保存の法則

図 11-2 に示すように，質量が m_1，m_2 の 2 つの物体（球①と②）が，同一方向に直線運動しており，途中で接触（衝突）する場合を考えてみる。接触前の両者の速度を v_1，v_2 とし，接触後のそれぞれを v_1'，v_2' とする。また，互いに接触している時間は t で，その間に力 F をおよぼし合うものとし，その他の外力（空気の抵抗など）は作用しないものとする。まず，それぞれに対する力積と運動量の変化量との関係を考えると，式 11-4 より，次式で与えられる。

$$-Ft = m_1 v_1' - m_1 v_1$$
$$Ft = m_2 v_2' - m_2 v_2$$

次に，上式の両辺を加えて変形すると，次のようになる。

$$m_1 v_1 + m_2 v_2 = m_1 v_1' + m_2 v_2' \qquad 11\text{-}6$$

式 11-6 を**運動量保存の法則**（law of conservation of momentum）という。この式は，**2 つの物体が接触により相互に力をおよぼし合ってそれぞれの速度が変化しても，2 つの物体の接触前後の運動量の和は不変である**ということを意味する。なお，本法則は 2 つの物体が互いに異なる方向に運動している場合にも成立する[*4]。

*4 **Let's TRY!!**
たとえば，図 11-2 において，球②が左向きに運動して接触する場合はどうなるか考えてみよう。

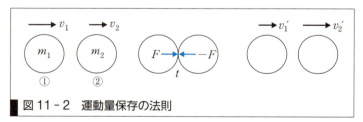

図 11-2 運動量保存の法則

> **例題 11-3** 静止している質量 100 kg のボートから，質量 50 kg の人が速度 5 m/s で水中に飛び込んだとすると，ボートはどのような運動をするか。
>
> **解答** ボートを図 11-2 の①，人を②とする。人が飛び込む前は，両者は静止しているから，運動量はおのおのゼロである。運動量保存の法則である式 11-6 に数値を代入すると，次のようになる。

$$0 + 0 = 100 \times v_1' + 50 \times 5$$
$$v_1' = -2.5$$

よって，ボートは人と反対方向に速度 2.5 m/s で進む．

11·2 衝突

2球が一直線上を運動して**衝突**（collision）するときを考える．このときに互いに作用する力の作用線が2球の重心を通る場合を向心衝突と呼ぶ．ここでは衝突後の速度の求め方について学習する．

11·2·1 反発係数

図11-2のように2球が衝突する場合を考える．たとえば，衝突後の2球の速度を求めるためには，運動量保存の法則の式11-6に加えて第2の式が必要となる．この式を導くには，**衝突前後の相対速度の比は一定であって，この比は衝突する物質によって定まった値をとる**という法則を用いるとわかりやすい．この法則を数式で表すと次のようになる．

$$e = \frac{v_2' - v_1'}{v_1 - v_2} \qquad 11\text{-}7$$

右辺の分母と分子は，それぞれ衝突前の**接近速度**（approaching velocity）と衝突後の**分離速度**（separating velocity）であり，その比を表す左辺の e は**反発係数**（coefficient of restitution）と呼ばれる．代表的な衝突物質に対する反発係数の値は表11-1に示すように，一般の衝突では $0 < e < 1$ の範囲の値をとる．なお，$e = 1$ の場合を**完全弾性衝突**（perfectly elastic collision）といい，これはよく弾むゴムボールを硬い床にたたきつけた場合に相当する．さらに，$e = 0$ の場合を**完全塑性衝突**（perfectly plastic collision）といい，これは壁に粘土をたたきつけて壁と粘土が一体になったような場合である．

表11-1 反発係数 e

材質	e	材質	e	材質	e
ガラスとガラス	0.95	コルクとコルク	0.55	スーパーボールと木製床	0.90
ガラスと鋳鉄	0.91	木と木	0.50	バスケットボールと木製床	0.88
鋳鉄と鋳鉄	0.65	黄銅と黄銅	0.35	ゴルフボールと剛体壁	0.85
鋼と鋼	0.55	鉛と鉛	0.20	硬球（野球）と剛体壁	0.42

11-2-2 向心衝突

衝突後の2球それぞれの速度は，次の2式を連立して解くことにより得られる[*5]。

$$m_1 v_1' + m_2 v_2' = m_1 v_1 + m_2 v_2 \qquad 11-8$$
$$-v_1' + v_2' = e(v_1 - v_2) \qquad 11-9$$

[*5] **+α プラスアルファ**
参考までに，式11-8と式11-9をそのまま解くと次式のようになる。
$$v_1' = v_1 - \frac{m_2}{m_1 + m_2}(1+e)(v_1 - v_2)$$
$$v_2' = v_2 + \frac{m_1}{m_1 + m_2}(1+e)(v_1 - v_2)$$

例題 11-4 図11-2のように，質量 $m_1 = 5$ kg の鋳鉄球①が速度 $v_1 = 5$ m/s で運動し，同じ方向に速度 $v_2 = 3$ m/s で運動している質量 $m_2 = 3$ kg の鋳鉄球②に衝突した。この2球の衝突後の速度を求めよ。

解答 表11-1より，鋳鉄どうしの反発係数は $e = 0.65$ である。式11-8と式11-9より，

$$5v_1' + 3v_2' = 5 \times 5 + 3 \times 3 = 34 \qquad 11-10$$
$$-v_1' + v_2' = 0.65 \times (5-3) = 1.3 \qquad 11-11$$

となり，式11-10と式11-11から v_2' を消去すると，

$$8v_1' = 30.1$$
$$v_1' = 3.76 \text{ m/s}$$

となる。また，式11-11より，

$$v_2' = 1.3 + v_1'$$
$$v_2' = 5.06 \text{ m/s}$$

となる。

次に，以下のようないくつかの特別な場合の例について考えてみる。

(1) 図11-3のように垂直で大きい壁②に小球①が水平に衝突する場合を考えてみる。壁②は小球①と比較して十分大きく $m_2 = \infty$ で，動かないので $v_2 = v_2' = 0$ となるから，式11-9より，$v_1' = -ev_1$ となり，小球①は減速して跳ね返ることになる。

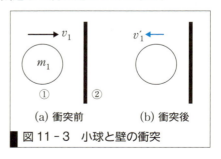

■ 図11-3 小球と壁の衝突

(2) 質量が同じ球①と球②が同一方向に運動して完全弾性衝突する場合を考えてみる[*6]。$m_1 = m_2$ で，$e = 1$ だから，式11-8と式11-9は次のようになる。

$$v_1' + v_2' = v_1 + v_2$$

[*6] **Let's TRY!!**
互いに逆方向に運動して衝突する場合をやってみよう。

$$-v_1' + v_2' = v_1 - v_2$$

これを連立して解くと，$v_1' = v_2$，$v_2' = v_1$ となり，衝突の前後で速度が入れ替わることがわかる．

（3）球①と球②が完全塑性衝突する場合を考えてみる．$e = 0$ だから，式 11-9 と式 11-8 は次のようになる．

$$-v_1' + v_2' = 0$$

よって，$v_2' = v_1'$ となる．

$$m_1 v_1' + m_2 v_1' = (m_1 + m_2) v_1' = m_1 v_1 + m_2 v_2$$

これより，衝突後の速度は次式で与えられる．

$$v_1' = v_2' = \frac{m_1 v_1 + m_2 v_2}{m_1 + m_2}$$

すなわち，衝突後は一体となって運動する．

例題 11-5 鋼球を高さ h のところから水平な床に落としたところ，h' はね上がった．鋼球と床との間の反発係数を求めよ．

解答 まず，鋼球の衝突前の速度は高さ h のところから自由落下したときの速度だから，

$$v_1 = \sqrt{2gh}$$

である．次に，はね返りの速度は，上方に h' の高さまで上がる速度だから，

$$v_1' = -\sqrt{2gh'}$$

となる．したがって，反発係数は次のように与えられる．

$$e = -\frac{v_1'}{v_1} = \frac{\sqrt{2gh'}}{\sqrt{2gh}} = \sqrt{\frac{h'}{h}}$$

すなわち，衝突前後の高さを測定すれば，反発係数の値を求めることができる．

例題 11-6 図11-4に示すように，質量 $m_1 = 10$ kg の鋼球①が質量 $m_2 = 8$ kg の鋼球②に斜めに衝突した。接触面は滑らかであるとして，2球の衝突後の速度を求めよ。

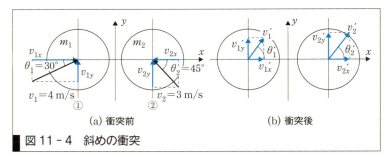

(a) 衝突前　　　　　　　　(b) 衝突後

図 11-4　斜めの衝突

解答 接触面は滑らかだから，接触面の接線方向（y方向）には力が働かないので，その方向の速度成分は変化しない。それに対して，接触面の法線方向（x方向）には互いに力をおよぼすので，向心衝突として取り扱うことができる。また，鋼どうしの反発係数は表11-1より，$e = 0.55$ である。まず，衝突前のおのおのの速度成分は，次のようになる。

$v_{1x} = 4\cos 30° = 3.46$，　$v_{1y} = 4\sin 30° = 2.0$
$v_{2x} = -3\cos 45° = -2.12$，　$v_{2y} = 3\sin 45° = 2.12$

次に，衝突後の速度の y 方向成分は，それぞれ次のように与えられる。

$v_{1y}' = v_{1y} = 2.0$ m/s，　$v_{2y}' = v_{2y} = 2.12$ m/s

さらに，衝突後の速度の x 方向成分は，向心衝突の式11-8と式11-9より，それぞれ次の連立方程式を解くことによって得られる。

$10v_{1x}' + 8v_{2x}' = 10 \times 3.64 + 8 \times (-2.12) = 19.44$　　　11-12
$-v_{1x}' + v_{2x}' = 0.55 \times \{3.64 - (-2.12)\} = 3.17$　　　11-13

式11-12と式11-13から v_{2x}' を消去すると，

$18v_{1x}' = -5.92$
$v_{1x}' = -0.33$ m/s

となる。また，式11-13より，

$v_{2x}' = 3.17 + v_{1x}'$
$v_{2x}' = 2.84$ m/s

となる。

以上より，衝突後の速度の大きさと方向は，それぞれ次のようになる。

$v_1' = \sqrt{(-0.33)^2 + 2.0^2} = 2.03$ m/s，　$\theta_1' = 180° - \tan^{-1}\dfrac{2.0}{0.33} = 99.37°$ [*7]

$v_2' = \sqrt{2.84^2 + 2.12^2} = 3.54$ m/s，　$\theta_2' = \tan^{-1}\dfrac{2.12}{2.84} = 36.74°$

[*7] v_{1x}' が（−）だから，θ_1' は第2象限の角となる。

11　3　衝突における運動エネルギー

2球が一直線上を運動して衝突するとき，運動量は保存されたが運動エネルギーはどうであろうか。ここでは，衝突における運動エネルギーの保存と損失，変形仕事について学習する。

11-3-1 運動エネルギーの損失と保存

2球が向心衝突する場合を考える。記号は図11-2のとおりである。まず，衝突前に2球がもっていた運動エネルギーは，

$$K = \left(\frac{1}{2} m_1 v_1^2 + \frac{1}{2} m_2 v_2^2\right)$$

となり，衝突後に2球がもっている運動エネルギーは，

$$K' = \left(\frac{1}{2} m_1 v_1'^2 + \frac{1}{2} m_2 v_2'^2\right)$$

となる。したがって，衝突前後の運動エネルギーの差 ΔK は，

$$\Delta K = K - K' = \left(\frac{1}{2} m_1 v_1^2 + \frac{1}{2} m_2 v_2^2\right) - \left(\frac{1}{2} m_1 v_1'^2 + \frac{1}{2} m_2 v_2'^2\right)$$

11-14

で与えられる[*8]。これに，衝突後の速度の式[*5]を代入して整理すると，次式が得られる[*9]。

$$\Delta K = \frac{1}{2} \frac{m_1 m_2}{m_1 + m_2} (1 - e^2)(v_1 - v_2)^2 \qquad 11\text{-}15$$

以上より，完全弾性衝突 ($e = 1$) であれば，$\Delta K = 0$ となり，運動エネルギーは保存され，一般の衝突と完全塑性衝突 ($e = 0$) であれば $\Delta K > 0$ となり，運動エネルギーの損失が生じる。このとき，運動エネルギーは変形仕事と，音や熱のエネルギーに変わることになる。

[*8] **Don't Forget!!**
エネルギーはスカラーだから，運動の方向に関係なく成立する。

[*9] **Let's TRY!!**
実際に式を導いてみよう。
WebにLink

> **例題 11-7** 例題11-4において，衝突によるエネルギーの損失量を求めよ。
>
> **解答** 式11-14より，
>
> $$\Delta K = \frac{1}{2} \times \{(5 \times 5^2 + 3 \times 3^2) - (5 \times 3.76^2 + 3 \times 5.06^2)\} = 2.25 \text{ J}$$

11-3-2 運動エネルギーの損失と変形仕事

工業力学では物体の変形を考えないが，ここでは運動エネルギーの損失がすべて変形仕事に変わると仮定して，衝突による変形量 δ を簡単に考えてみよう[*10]。一定の力 F が加わるとすると，変形仕事は $W = F\delta$ とできるので $W = \Delta K$ となり，式 11-15 から次のようになる。

$$F\delta = \frac{1}{2}\frac{m_1 m_2}{m_1 + m_2}(1-e^2)(v_1 - v_2)^2 \qquad 11\text{-}16$$

一例として，図 11-5 のように，小球①が垂直で大きい壁②に水平に完全塑性衝突する場合を考える。小球①の加速度と変形仕事は，式 11-16 と運動方程式より，次のようになる。

$$a_1 = -\frac{v_1}{t}, \quad F\delta = -m_1 a_1 \delta = \frac{1}{2}m_1 v_1^2$$

これより，変形量と加速度，速度，および衝突時間の関係は次式で与えられる。

$$\delta = -\frac{v_1^2}{2a_1} = \frac{1}{2}v_1 t \qquad 11\text{-}17$$

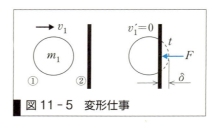

図 11-5　変形仕事

例題 11-8 小球①が垂直で大きい壁②に水平に一般衝突する場合の変形量と，加速度，速度，および時間の関係を求めよ。

解答 小球①の加速度と変形仕事は，式 11-16 と運動方程式より，次のようになる。

$$a_1 = \frac{v_1' - v_1}{t} = \frac{-ev_1 - v_1}{t} = -\frac{(1+e)v_1}{t},$$

$$F\delta = -m_1 a_1 \delta = \frac{1}{2}m_1(1-e^2)v_1^2$$

これより，

$$\delta = -\frac{v_1^2(1-e^2)}{2a_1} = \frac{1}{2}v_1(1-e)t = \frac{1}{2}v_1 t - \frac{1}{2}v_1 et$$

となる。一般衝突の場合，衝突にともなう変形量（右辺第 1 項）から反発にともなう復元量（右辺第 2 項）を引いた値が正味の変形量となる。

[*10] **工学ナビ**
たとえば，自動車の衝突事故の解析について，Web などで調べてみよう。

演習問題 A　基本の確認をしましょう

11-A1　$3\,\mathrm{m/s}$ の速度で運動する質量 $4\,\mathrm{kg}$ の物体を $1/100\,\mathrm{s}$ 間で静止させるために必要な力を求めよ。

11-A2　$40\,\mathrm{km/h}$ の速度で走っている質量 m の自動車がある。変速機をニュートラルにすると同時に，自動車の重さの 20 ％に等しい力で制動するならば，何 s 後に停止するか。ただし，重力加速度は $g = 9.8\,\mathrm{m/s^2}$ とする。

11-A3　例題 11-4 において，球②が球①と逆方向に運動して衝突するとき，2 球の衝突後の速度を求めよ。また，衝突によるエネルギーの損失量を求めよ。

11-A4　反発係数 $e = 0.5$ の 2 つの球がある。球②が静止しているところに球①が衝突して止まり，球②が動き出した。球①と②の質量の比を求めよ。

11-A5　図アに示すように，質量 $m_1 = 20\,\mathrm{kg}$ の球①が質量 $m_2 = 15\,\mathrm{kg}$ の球②に斜めに衝突した。接触面は滑らかであるとして，2 球の衝突後の速度を求めよ。反発係数は $e = 0.8$ とする。

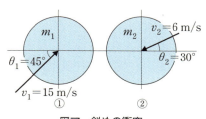

図ア　斜めの衝突

演習問題 B　もっと使えるようになりましょう

11-B1　初速度 v で水平面上を運動する質量 m の物体に，$F(= 3t + 3)$ の抵抗力を働かせて静止させたい。抵抗力を何 s 間働かせればよいか。

11-B2　水平な床②に，高さ h のところから球①を鉛直方向に落下させた。球①が静止するまでに動く距離を求めよ[*11]。反発係数は e とする。

[*11] **ヒント**
無限等比級数を考える。

11-B3 図イに示すように，質量 m_1 と m_2 のおもりをつけた長さの等しい 2 つの単振り子を同じ点からつるし，質量 m_1 のおもりを高さ h の位置から放して質量 m_2 のおもりに衝突させる。次の 2 つの場合について，それぞれのおもりが上がる高さ h_1, h_2 を求めよ。

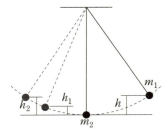

図イ　単振り子の衝突

(1) 完全塑性衝突[*12]
(2) 完全弾性衝突[*13]

[*12] **ヒント**
おもりは一体となる $(h_1 = h_2)$。

[*13] **ヒント**
エネルギーは保存される。

あなたがここで学んだこと

この章であなたが到達したのは
- □ 力積と運動量変化の関係から，諸量を求めることができる
- □ 基礎的な衝突問題を解くことができる
- □ 応用的な衝突問題を解くことができる

　本章では，運動量の定義，力積と運動量変化の関係，ならびに運動量保存の法則を学び，向心衝突や斜めの衝突などの基礎的な衝突問題を学習するとともに，前章で学んだ仕事とエネルギーの関係を用いた応用的な衝突問題の取り扱いも行った。

　たとえば，2 物体の衝突後のそれぞれの速度が未知数の場合，2 つの式が必要となり，運動量の保存と反発係数の式，あるいは運動量の保存とエネルギー保存の式を連立させた。力学をはじめとする工学問題は，その本質を外すことなく可能なかぎりの仮定を設けて単純化し，未知数だけ式が成立すれば解答を導くことができるということを覚えておいてほしい。

12章 質点系の運動

　ニュース映像などで，フィギュアスケート競技のスピンを行う選手が，腕を広げて回転動作に入ってから徐々に腕を縮めて，胸に押しつけるようにクロスさせ高速回転を行う様子を見たことのある人は多いであろう。これは一体どのような原理が働いた現象なのであろうか。

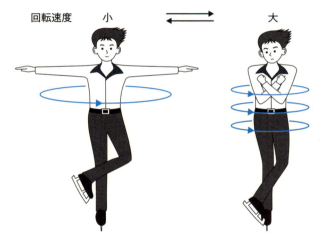

図A　角運動量保存の法則

　この現象の理解のためには，前章で学んだ直線運動に関する運動量保存の法則のほかに，回転運動に関する角運動量保存の法則（図A）を理解することが必要である。これがわかると，水泳の飛び込み競技や体操競技での宙返りやひねり動作の説明もできるようになる。さらには，スイングバイという宇宙探査機の軌道変更や加速の方法についても理解できるようになる。

　ぜひ，興味をもって学習してほしい。

●**この章で学ぶことの概要**

　本章では質点系の運動について，内力と外力，全運動量保存の法則，全角運動量保存の法則，そして単振動の固有振動数の導き方について学ぶ。これらは，実在する機械システムの運動を理解する上での基礎となる部分なので，しっかりと理解してほしい。

> **予習　授業の前にやっておこう!!**
>
> 1. 質点とは何か確認しておこう。【12-1節に関連】
>
> 2. 重心とは何か確認しておこう。【12-2節に関連】
>
> 3. 運動量保存の法則とは何か，確認しておこう。
>   【12-3節，12-4節に関連】
>
> 4. 運動エネルギーと位置エネルギーとは何か，確認しておこう。
>   【12-5節に関連】

12　1　質点系の運動

12-1-1 質点系とは

質点系(system of particles)とは，相互作用をおよぼし合いながら運動する多数の質点の集まりのことをいう。相互作用とは，質点どうしが衝突や分裂，合体したり，ばねやひもでつながれている状態などのことである。

12-1-2 内力と外力

実際の物体は，航空機（胴体，主翼，尾翼）や列車（複数の車両），さらにはロケット（多段の機体と燃料）などのように，非常に多くの質点が連続的につながってできたものとみることもできる。このとき，それぞれの質点に着目するよりも，全体を一つの質点系として扱い，全体のもつ性質を把握するほうが便利なことが多い。

図12-1に示すように，質量を m_i，位置ベクトルを r_i とする n 個の質点 ($i = 1, 2, \cdots, n$) から成る質点系を考える。各質点に作用する力は，質点系内の質点どうしの間で働く力と，質点系外から働く力に区別することができる。前者を**内力**(internal force)，後者を**外力**(external force) という。

この図12-1の質点系において，質点 i に，質点 $j (i \neq j)$ からの内力 F_{ij} と外力 F_i が作用することを考える。質点 i に関する運動方程式は，$F_{ii} = 0$ として，次式となる。

$$m_i \frac{d^2 r_i}{dt^2} = F_i + (F_{i1} + F_{i2} + \cdots + F_{in}) = F_i + \sum_{j=1}^{n} F_{ij} \qquad 12\text{-}1$$

質点系内のすべての質点について，同様に運動方程式を求めて，両辺の和をとると，

$$\sum_{i=1}^{n} m_i \frac{d^2 \boldsymbol{r}_i}{dt^2} = \sum_{i=1}^{n} \boldsymbol{F}_i + \sum_{i=1}^{n}\left(\sum_{j=1}^{n} \boldsymbol{F}_{ij}\right) \qquad 12-2$$

を得る。ここで，作用・反作用の法則より，

$$\boldsymbol{F}_{ij} = -\boldsymbol{F}_{ji} \qquad 12-3$$

であるから，式 12-2 の内力に関する項はすべて打ち消し合って，

$$\sum_{i=1}^{n} m_i \frac{d^2 \boldsymbol{r}_i}{dt^2} = \sum_{i=1}^{n} \boldsymbol{F}_i \qquad 12-4$$

という方程式が得られる。これより，質点系内の各質点の運動を求めるためには，内力を求めて式 12-1 を解く必要があるが，質点系の全体的な運動を求めるには，内力を求めずに，外力のみ考えればよいことがわかる。

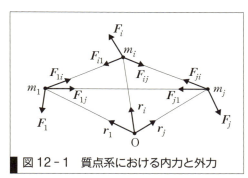

図 12-1　質点系における内力と外力

12　2　重心の運動

式 12-4 を理解するために，6 章で学んだ重心について考えてみよう。6 章では，一つの物体の全質量が重心に集中し，外力については，すべての外力の和が重心に働くと考えて，重心を質点のように扱ってよいことを学んだ。このような考え方を，質点系に取り入れる。

式 6-6 〜式 6-8 より，質点系の重心ベクトル $\boldsymbol{r}_G$ は，

$$\boldsymbol{r}_G = \frac{\sum_{i=1}^{n} m_i \boldsymbol{r}_i}{\sum_{i=1}^{n} m_i} = \frac{\sum_{i=1}^{n} m_i \boldsymbol{r}_i}{M} \qquad 12-5$$

である。ここで，$M = \sum_{i=1}^{n} m_i$ は質点系の全質量である。これを用いて式 12-4 を書き直すと，重心に関する運動方程式となり，次式で表される。

$$M \frac{d^2 \boldsymbol{r}_G}{dt^2} = \sum_{i=1}^{n} \boldsymbol{F}_i \qquad 12-6$$

これは，質点系の重心の運動は，外力の和のみに関係し，内力には無関係であるということを示しており，重心の運動は，この点に質点系の全質量 M が集中し，これに外力の合力が作用する場合の運動と同じになるということを意味している。

12-3 全運動量の式

たとえば，砂を載せて一定の速度で動くベルトコンベアーの上に，毎秒一定の割合で砂が落ちてくるようなとき，どれくらいの大きさの力でコンベアーを動かし続ける必要があるのだろうか。このような問題[*1]については，運動方程式を詳細に解かなくても運動量の変化に着目することで，答えが得られる場合が多い。

*1 演習問題 B　12-B1 を参照のこと。

12-3-1 全運動量の式

式 12-4 を書き直すと，次式を得る。

$$\frac{d}{dt}\left(\sum_{i=1}^{n} m_i \frac{d\boldsymbol{r}_i}{dt}\right) = \frac{d}{dt}\left(\sum_{i=1}^{n} m_i \boldsymbol{v}_i\right) = \sum_{i=1}^{n} \boldsymbol{F}_i \qquad 12\text{-}7$$

この式で，とくに外力の合力が $\sum_{i=1}^{n} \boldsymbol{F}_i = 0$ のとき，

$$\frac{d}{dt}\left(\sum_{i=1}^{n} m_i \boldsymbol{v}_i\right) = 0 \qquad 12\text{-}8$$

となる。式 12-8 を時間 t で積分すると，

$$\sum_{i=1}^{n} m_i \boldsymbol{v}_i = \text{一定} \qquad 12\text{-}9$$

となる。式 12-9 の左辺 $m_i \boldsymbol{v}_i = \boldsymbol{P}_i$ は質点 i の運動量である。

$$\boldsymbol{P} = \sum_{i=1}^{n} m_i \boldsymbol{v}_i$$ は，質点系を構成しているすべての質点についての $\boldsymbol{P}_i$ を加え合わせた値であり，質点系の**全運動量** (total momentum) という。

12-3-2 全運動量保存の法則

全運動量 $\boldsymbol{P}$ を用いて，式 12-7 を書き直すと，

$$\frac{d}{dt}\boldsymbol{P} = \sum_{i=1}^{n} \boldsymbol{F}_i \qquad 12\text{-}10$$

となる。これを**全運動量の式** (formula of total momentum) という。この式は，質点系に外力が作用するときには，全運動量の時間変化率は，質点系に作用する全外力の合力と等しいことを表している。

さらに，各質点に作用する外力 $\boldsymbol{F}_i$ の合力 $\sum_{i=1}^{n} \boldsymbol{F}_i$ がゼロであるとき，

$$\frac{d}{dt}\boldsymbol{P} = 0 \qquad 12-11$$

となる。式12-11を積分すると，

$$\boldsymbol{P} = \sum_{i=1}^{n} m_i \boldsymbol{v}_i = 一定 \qquad 12-12$$

が得られる。この式から，質点系に作用する外力の合力がゼロの場合，質点系の全運動量は保存されることがわかる。これを**全運動量保存の法則** (law of conservation of total momentum) という。

> **例題 12-1** ゆっくりとした速度 v_{c0}[m/s] で移動している質量 M[kg] のトロッコに，質量 m[kg] の人が速度 v_{h0}[m/s] で後方から飛び乗った。その後の人が乗ったトロッコの速度 V[m/s] を求めよ。
>
> **解答** この場合，反発係数はゼロであるので，全運動量保存の法則より，次式のようになる。
>
> $$mv_{h0} + Mv_{c0} = (m+M)V$$
>
> よって V は次のようになる。
>
> $$V = \frac{mv_{h0} + Mv_{c0}}{m+M}$$

12・4 全角運動量の式

フィギュアスケート競技のスピンを行う選手が，腕を広げて回転動作に入ってから徐々に腕を縮めて，胸に押しつけるようにクロスさせ高速回転を行う様子を見たことのある人は多いであろう。この現象は，どのような法則によるのだろうか。

12・4・1 角運動量と角力積

11章で，物体が一方向に運動するときの勢いや激しさを表す物理量として，質量と速度の積である運動量を定義した。さらに，運動量保存の法則を導き，力積との関係として，物体の運動量の変化は，その間に与えられた力積に等しいことを学んだ。

ここでは，物体が回転運動するときの勢いや激しさを表す物理量として，角運動量について学習する。

図12-2に示すように，質点 m が点Oを中心として動径 r の等速円運動をしているとき，中心Oに関する**角運動量** (angular momentum) L は，運動量 mv と動径 r との積として，次式のように表される。

$$L = mvr = mr^2\omega \qquad 12-13$$

一般的な場合として，速度 v の方向と動径 r とが直角でないときの

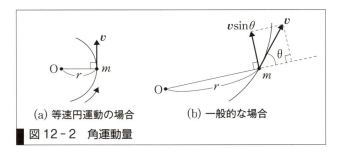

(a) 等速円運動の場合　　(b) 一般的な場合

図 12-2　角運動量

角運動量 L は，速度 v と動径 r のなす角を θ として，

$$L = mvr\sin\theta \qquad 12\text{-}14$$

と表される。角運動量の大きさの単位は，SI 単位で kg m²/s である。角運動量は，モーメントを定義したときと同様に考えて，運動量のモーメントとも呼ばれる。

図 12-3 に示すように角運動量をベクトル量として考えると，ベクトル積を用いて，次式のように表される。

$$\boldsymbol{L} = \boldsymbol{r} \times m\boldsymbol{v} = \boldsymbol{r} \times \boldsymbol{P} \qquad 12\text{-}15$$

角運動量 $\boldsymbol{L}$ の成分表示を行うと，式 12-15 は次式のようになる[*2]。

$$\begin{cases} L_x = y \cdot mv_z - z \cdot mv_y \\ L_y = z \cdot mv_x - x \cdot mv_z \\ L_z = x \cdot mv_y - y \cdot mv_x \end{cases} \qquad 12\text{-}16$$

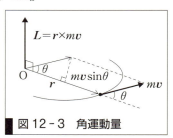

図 12-3　角運動量

[*2] 実際に導出してみよう。

例題 12-2　質量 0.2 kg の質点がある点のまわりを等速円運動している。回転半径が 0.5 m，角速度が 2.0 rad/s のとき，この質点の回転中心まわりの角運動量を求めよ。

解答　式 12-13 に代入して，

$$L = 0.2 \times (0.5 \times 2.0) \times 0.5 = 0.1 \text{ kg m}^2/\text{s}$$

となる。

12-4-2　角運動量保存の法則

運動量について，運動量保存の法則が成り立つことは，11-1 節のとおりである。ここでは，角運動量についても同じことがいえるのかについて考える。

式 12-15 を時間 t で微分すると，次式を得る。

$$\frac{d\bm{L}}{dt} = \frac{d\bm{r}}{dt} \times (m\bm{v}) + \bm{r} \times \left(m\frac{d\bm{v}}{dt}\right) \qquad 12\text{-}17$$

ここで，

$$\frac{d\bm{r}}{dt} = \bm{v}, \quad \bm{v} \times m\bm{v} = m(\bm{v} \times \bm{v}) = 0 \qquad 12\text{-}18$$

であるから，式 12-17 の右辺第 1 項はゼロとなる。また，質点に作用する力を $\bm{F}$ とすると，

$$m\frac{d\bm{v}}{dt} = \bm{F} \qquad 12\text{-}19$$

である。よって式 12-17 は，原点に関するモーメントを $\bm{N}$ として，次式となる。

$$\frac{d\bm{L}}{dt} = \bm{r} \times \bm{F} = \bm{N} \qquad 12\text{-}20$$

この式より，角運動量の時間変化率は，質点に作用するモーメントに等しい。さらに，質点に作用するモーメント $\bm{N}$ がゼロであるとき，式 12-20 は，

$$\frac{d\bm{L}}{dt} = 0 \quad \text{すなわち} \quad \bm{L} = \text{一定} \qquad 12\text{-}21$$

となり，質点の角運動量は保存されることがわかる。これを**角運動量保存の法則**(law of conservation of angular momentum) という。

次に，運動量と力積との関係が，直線運動のときと同様に回転運動の場合も考えられるのか，考えよう。まず，式 12-20 の両辺を，任意に定めた時刻 t_0 から t_1 まで時間 t に関して積分すると，次式を得る。

$$[\bm{L}]_{t_0}^{t_1} = \bm{L}_1 - \bm{L}_0 = \int_{t_0}^{t_1} \bm{N} dt \qquad 12\text{-}22$$

右辺は，時刻 t_0 から t_1 までの時間に作用したモーメントの積分値である。これを**角力積**(angular impulse) という。式 12-22 より，角運動量の変化は，角力積に等しいことがわかる。

例題 12-3 図 12-4 のように，質点 m を長さ l の軽い棒で支えて，点 O まわりに回転できるようにした単振り子において，振れ角を θ としたときの運動方程式を，式 12-20 を用いて導出せよ。

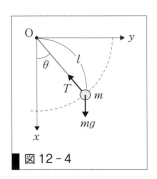

図 12-4

解答 質量 m は，点 O まわりに円運動をしている。円周方向の速度を v とすると，点 O まわりの角運動量は，mvl である。速度 v は，$v = l\dfrac{d\theta}{dt}$ であるので，角運動量 L は次式となる。

$$L = mvl = ml^2 \frac{d\theta}{dt}$$

一方，点 O まわりのモーメントは，質量に作用する重力の円周方向成分 $-mgl\sin\theta$ のみであるから，式 12-20 に代入して，

$$\frac{d}{dt}\left(ml^2 \frac{d\theta}{dt}\right) = -mgl\sin\theta$$

となる。したがって，$\dfrac{d^2\theta}{dt^2} = -\dfrac{g}{l}\sin\theta$

となる。ここで，θ が微小である場合，$\sin\theta \fallingdotseq \theta$ と近似できるので，運動方程式は，次式となる。

$$\frac{d^2\theta}{dt^2} = -\frac{g}{l}\theta$$

ここで，$\omega_n^2 = g/l$ とおくと，固有振動数 f_n [Hz] は，次式で得られる。

$$f_n = \frac{\omega_n}{2\pi} = \frac{1}{2\pi}\sqrt{\frac{g}{l}}$$

12-4-3 固定点まわりの全角運動量の式と全角運動量保存の法則

12-3 節では，質点系の全運動量に関する考察を行った。さらに，前項までで，質点の回転運動にともなう角運動量に関して，理解を深めた。ここからは，質点系に関して直線運動で全運動量保存の法則を考えたときと同様に，回転運動における全角運動量などの物理量を導入し，運動の理解を進める。

空間内に任意の点 O をとり固定する。質点系内の質点 i に関する角運動量 L_i は，

$$\boldsymbol{L}_i = \boldsymbol{r}_i \times m_i \boldsymbol{v}_i = \boldsymbol{r}_i \times \boldsymbol{P}_i \qquad 12\text{-}23$$

と表せる。これをすべての質点について加え合わせると，式 12-24 を得る。これを，点 O に関する**全角運動量** (total angular momentum) といい，記号 $\boldsymbol{L}$ で表すこととする。

$$\boldsymbol{L} = \sum_{i=1}^{n}(\boldsymbol{r}_i \times m_i \boldsymbol{v}_i) = \sum_{i=1}^{n}(\boldsymbol{r}_i \times \boldsymbol{P}_i) \qquad 12\text{-}24$$

12-3-2項で，質点系内の全運動量の時間変化率が，内力には関係しないことを導いた。全角運動量の時間変化率も，内力には関係しないことが式12-25のように導かれる[*3]。

$$\sum_{i=1}^{n}\left(r_i \times m_i \frac{d^2 r_i}{dt^2}\right) = \sum_{i=1}^{n}(r_i \times F_i) \qquad 12\text{-}25$$

*3
Let's TRY!!
実際に導出してみよう。

式12-7の導き方と同様に式12-25の左辺を書き直すと，次式を得る。

$$\frac{d}{dt}\sum_{i=1}^{n}(r_i \times m_i v_i) = \sum_{i=1}^{n}(r_i \times F_i) \qquad 12\text{-}26$$

式12-26の右辺をNとおくと，Nは全外力の点Oに関する**合モーメント**（resultant moment）である。これと式12-24の関係より，式12-26を書き直すと次式を得る。

$$\frac{dL}{dt} = N \qquad 12\text{-}27$$

式12-27を，点Oまわりの**全角運動量の式**（formula of total angular momentum）という。この式から，質点系の全角運動量の時間変化率は，内力には関係せず，全外力の合モーメントに等しいことがわかる。

さらに，式12-27より，全外力の合モーメントがゼロであるとき，

$$L = \sum_{i=1}^{n}(r_i \times m_i v_i) = \sum_{i=1}^{n}(r_i \times P_i) = 一定 \qquad 12\text{-}28$$

が得られ，この式より，質点系に働く全外力の合モーメントNがゼロのとき，全角運動量が保存されることがわかる。これを**全角運動量保存の法則**（law of conservation of total angular momentum）という。

例題 12-4 図12-5のように，軽くて自由に回転する外輪半径aと内輪半径bの輪軸に，質量m_1, m_2（ただし，$m_1 > m_2$）の質点1, 2が伸びないひもによって巻きかけられている。全角運動量の式を用いて，質点1, 2の運動方程式を求めよ。ここで，ひもの質量のついていない側は，輪軸に取りつけられているものとし，ひもの巻きつけやこすれにおける摩擦の影響は，無視できるものとする。

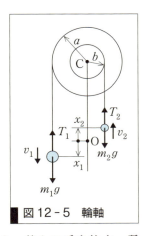

図12-5 輪軸

解答 質点1と質点2を同じ高さにしてから，静かに手を放す。質点1の位置をx_1とすると，質点2の位置x_2は，回転半径の違いから$x_2 = (b/a)x_1$である。また，質点の速度をv_1, v_2とすると，$v_2 = (b/a)v_1$である。

点Cまわりの全角運動量Lは，次式で表せる。

$$L = a \cdot m_1 v_1 + b \cdot m_2 v_2 = \left(a \cdot m_1 + \frac{b^2}{a} m_2\right) \frac{dx_1}{dt}$$

外力としては，重力$m_1 g$，$m_2 g$が作用する。点Cまわりの力の合モーメントNは，

$$N = a \cdot m_1 g - b \cdot m_2 g = (a \cdot m_1 - b \cdot m_2) g$$

となる。

全角運動量の式12-27によって，

$$\frac{d}{dt}\left\{\left(\frac{a^2 m_1 + b^2 m_2}{a}\right) \frac{dx_1}{dt}\right\} = (a \cdot m_1 - b \cdot m_2) g$$

が成り立つ。よって，質点1, 2について，それぞれの運動方程式は，

$$\frac{d^2 x_1}{dt^2} = \frac{a(a \cdot m_1 - b \cdot m_2)}{a^2 m_1 + b^2 m_2} g, \quad \frac{d^2 x_2}{dt^2} = \frac{b(a \cdot m_1 - b \cdot m_2)}{a^2 m_1 + b^2 m_2} g$$

となる。このことから，位置x_1, x_2の初期条件を与えることによって，位置を求めることができる。

12-4-4 重心まわりの全角運動量の式

前項では空間に固定した点のまわりの全角運動量の式と全角運動量保存の法則を導いた。この固定した点を質点系の重心に置き換えたとしても，式12-27と同様の式が成り立つ[*4]。

$$\frac{d\boldsymbol{L}_G}{dt} = \boldsymbol{N}_G \quad \quad 12\text{-}29$$

式12-29を重心Gまわりの**全角運動量の式**という。この式から，重心まわりの全角運動量の時間変化率は，内力には関係せず，重心まわりの全外力の合モーメントに等しいことがわかる。

質点系内の質点m_iに関して，点Oを始点とする位置ベクトルを$\boldsymbol{r}_i$，重心Gを始点とする位置ベクトルを$\boldsymbol{r}_i'$，点Oを始点とする重心の位置ベクトルを$\boldsymbol{r}_G$とすると，$\boldsymbol{r}_i = \boldsymbol{r}_G + \boldsymbol{r}_i'$が成り立つ。この関係を用いると，質点系に働く全外力の重心Gまわりの合モーメント$\boldsymbol{N}_G$がゼロのとき，式12-29より，

$$\boldsymbol{L}_G = \sum_{i=1}^{n}(\boldsymbol{r}_i' \times m_i \boldsymbol{v}_i') = \text{一定} \quad \quad 12\text{-}30$$

を得ることができる。式12-30は，質点系に働く全外力の重心Gまわりの合モーメント$\boldsymbol{N}_G$がゼロのとき，重心まわりの全角運動量が保存されることを示している。

[*4]

実際に導いてみよう。
WebにLink

例題 12-5 図 12-6 に示すように，半径 $r = 50$ mm の 2 つの軽い円板の円周上に，60°ごとに質量 $m_1 = 0.1$ kg の質点を 6 つつけた円板 A と，質量 $m_2 = 0.2$ kg の質点を 60°ごとに 6 つつけた円板 B がある。円板 A，B ともに同軸上にあり，軸は滑らかに回転できるものとする。円板 A を $\omega_1 = 2\pi$ rad/s で回転させた状態で，静止している円板 B に押しつけて一体で回転させた。接合後の角速度 ω_2 を求めよ。

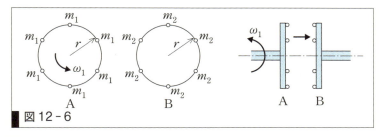

図 12-6

解答 全角運動量の保存式より，

$$0.05 \times (6 \times 0.1 \times 0.05 \times 2\pi)$$
$$= 0.05 \times (6 \times 0.1 + 6 \times 0.2) \times 0.05 \times \omega_2$$

よって，$\omega_2 = (2/3)\pi$ rad/s となる。

12-5 質点系のエネルギー

12-5-1 質点系の運動エネルギー

質点系が n 個の質点から構成されるものとし，i 番目の質点の質量を m_i，速度を v_i とすると，その運動エネルギーは，$(1/2)m_i v_i^2$ で与えられる。質点系の運動エネルギー K はこれらを加え合わせて，次のようになる。

$$K = \sum_{i=1}^{n} \frac{1}{2} m_i v_i^2 \qquad 12\text{-}31$$

ここで，12-4-4 項で用いた $r_i = r_G + r_i'$ を微分して得られる速度ベクトルの関係式 $v_i = v_G + v_i'$ を，式 12-31 に代入すると，

$$K = \frac{1}{2} M v_G^2 + \sum_{i=1}^{n} \frac{1}{2} m_i v_i'^2 \qquad 12\text{-}32$$

を得る[*5]。ここで，$M = \sum_{i=1}^{n} m_i$ は，質点系の全質量である。式 12-32 の第 1 項および第 2 項を，それぞれ重心運動のエネルギー，相対運動のエネルギーという。重心運動のエネルギーは，すべての質量が重心に集まったと考えるときの運動エネルギーである。また，相対運動のエネルギーは，重心に相対的な運動，または重心まわりの運動による運動エネルギーである。

[*5] **Let's TRY!** 実際に導いてみよう。

12-5-2 質点系の位置エネルギー

重力場における質点系の位置エネルギーを考える。質点系内の i 番目の質点の質量を m_i，基準からの高さを z_i とすると，この質点の位置エネルギーは，$m_i g z_i$ である。よって，質点系全体の位置エネルギー U は，各質点の位置エネルギーを加え合わせて，次のように表せる。

$$U = \sum_{i=1}^{n} m_i g z_i = \left(\sum_{i=1}^{n} m_i z_i \right) g \qquad 12-33$$

重心の基準からの高さを z_G とすると，

$$z_G = \frac{\sum_{i=1}^{n} m_i z_i}{M} \qquad 12-34$$

と表される。よって，

$$U = M g z_G \qquad 12-35$$

となる。

これより，重力場内に存在するある質点系の位置エネルギーは，質量がすべて重心に集まり，これに重力が作用すると考えたときの値に等しいことがわかる。

12-6 振動

12-6-1 単振動

図 12-7 のように質量が無視できるばねと質点から成る振動系を，ばね振り子という。ばね定数 k のばねに質量 m の物体をつるす。ばねは，重力 mg が作用するため下に δ だけ伸びて静止した。この後，質量 m の物体をある任意の x だけ押し下げて手放すと質量 m の物体は上下に振動を始める。質量 m の物体をつるす前

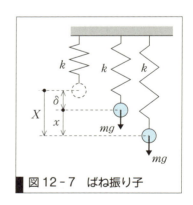

図 12-7 ばね振り子

の位置からの変位を X，質量 m の物体をつるして静止した位置から質点までの変位を x とする。下方に働く力を正とすると，運動方程式は，

$$m \frac{d^2 x}{dt^2} = mg - kX \qquad 12-36$$

である。$X = x + \delta$ を代入して，次式を得る。

$$m\frac{d^2x}{dt^2} + k(x+\delta) - mg = 0 \qquad 12-37$$

ここで，$k\delta = mg$ であるので，次式を得る．

$$m\frac{d^2x}{dt^2} + kx = 0 \qquad 12-38$$

この式より，質点の運動に対し重力は影響しないことがわかる．ここで，

$$\omega_n^2 = \frac{k}{m} \qquad 12-39$$

とおくと，運動方程式 12-38 は，

$$\frac{d^2x}{dt^2} + \omega_n^2 x = 0 \qquad 12-40$$

となる．この解を，**単振動**（simple harmonic motion）という．$t=0$ で位置 $x = X_{\max}$，速度 $v = 0$ という初期条件のもとで微分方程式 12-40 を解くと，$x = X_{\max}\cos\omega_n t$ を得る．このときの振動数を f_n [Hz]，角振動数を ω_n [rad/s] で表すと，

$$f_n = \frac{\omega_n}{2\pi} = \frac{1}{2\pi}\sqrt{\frac{k}{m}} \qquad 12-41$$

となる．f_n は**固有振動数**（natural frequency），ω_n は**固有角振動数**（natural angular frequency）と呼ばれる．

例題 12-6 質量 m [kg] の物体をばね定数 k_1 [N/m]，k_2 [N/m] のばね 2 個で並列につった場合の固有振動数を求めよ．また，直列につった場合はどうか．

解答 ばねを並列に結合した場合のばね剛性を k_p，直列に結合した場合のばね剛性を k_s とすると，

$$k_p = k_1 + k_2, \quad k_s = \frac{k_1 k_2}{k_1 + k_2}$$

である[*6]．よって，固有振動数は，

並列：$f_n = \dfrac{1}{2\pi}\sqrt{\dfrac{k_p}{m}} = \dfrac{1}{2\pi}\sqrt{\dfrac{k_1 + k_2}{m}}$ [Hz]

直列：$f_n = \dfrac{1}{2\pi}\sqrt{\dfrac{k_s}{m}} = \dfrac{1}{2\pi}\sqrt{\dfrac{k_1 k_2}{(k_1 + k_2)m}}$ [Hz]

と求まる．

[*6] Let's TRY!
実際に導いてみよう．
WebにLink

12-6-2 ばねでつながれた2質点の運動

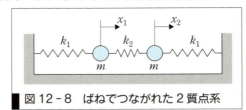

図12-8 ばねでつながれた2質点系

図12-8に示すように，質量mの2つの質点が，壁との間に3本のばねでつながれた質点系の運動を考える。2つの質点の変位をx_1，x_2として，運動方程式を求めると，次式を得る。

$$m\frac{d^2 x_1}{dt^2} = -k_1 x_1 - k_2(x_1 - x_2) \qquad 12-42$$

$$m\frac{d^2 x_2}{dt^2} = -k_1 x_2 - k_2(x_2 - x_1) \qquad 12-43$$

この運動の様子を知るために，次式に示す重心座標Xと相対座標Yを導入すると次のように表せる。

$$X = \frac{x_1 + x_2}{2}, \quad Y = \frac{x_1 - x_2}{2} \qquad 12-44$$

式12-42〜式12-44より，XとYを用いた次の微分方程式が得られる。

$$\frac{d^2 X}{dt^2} = -\frac{k_1}{m}X, \quad \frac{d^2 Y}{dt^2} = -\frac{k_1 + 2k_2}{m}Y \qquad 12-45$$

これらの解は，A，B，ϕ_1，ϕ_2を未定定数として，次のように表せる。

$$X = A\sin(\omega_1 t + \phi_1), \quad Y = B\sin(\omega_2 t + \phi_2) \qquad 12-46$$

ただし，$\omega_1 = \sqrt{k_1/m}$，$\omega_2 = \sqrt{(k_1 + 2k_2)/m}$である。式12-44より，

$$x_1 = X + Y = A\sin(\omega_1 t + \phi_1) + B\sin(\omega_2 t + \phi_2) \qquad 12-47$$

$$x_2 = X - Y = A\sin(\omega_1 t + \phi_1) - B\sin(\omega_2 t + \phi_2) \qquad 12-48$$

となる。

よって，x_1およびx_2が，ω_1，ω_2という2種類の固有角振動数をもつ振動の重ね合わせで表されることがわかる[*7]。

[*7]
未定定数A，Bのどちらかがゼロである場合の振動は，以下のようになる。（一般に，AやBを振幅，ϕ_1やϕ_2を位相角という）
1) $A \neq 0$，$B = 0$のとき
　$x_1 = A\sin(\omega_1 t + \phi_1)$
　$x_2 = A\sin(\omega_1 t + \phi_1)$
となり，同位相の振動と呼ばれる。
2) $A = 0$，$B \neq 0$のとき
　$x_1 = B\sin(\omega_2 t + \phi_2)$
　$x_2 = -B\sin(\omega_2 t + \phi_2)$
となり，逆位相の振動と呼ばれる。

演習問題 A 基本の確認をしましょう

12-A1 図アのように，滑らかな床の上を質量が無視できるばねで連結された4つの質点 $m_1 = 1\,\text{kg}$, $m_2 = 2\,\text{kg}$, $m_3 = 1\,\text{kg}$, $m_4 = 2\,\text{kg}$ が x 軸上を運動している。ある瞬間のそれぞれの速度が，$v_1 = 1\,\text{m/s}$, $v_2 = -1\,\text{m/s}$, $v_3 = 1\,\text{m/s}$, $v_4 = -1\,\text{m/s}$ であり，別の瞬間に，m_1, m_2, m_3 が停止していた。この瞬間の m_4 の速度 $v_4{}'$ を求めよ。

12-A2 x-y 平面上の $x = 0$, $y = 1\,\text{m}$ で，$v_x = -1\,\text{m/s}$, $v_y = 0$ である質量 $m = 1\,\text{kg}$ が，原点まわりで有する角運動量を求めよ。

12-A3 滑らかな床面上をひもにつながれて円運動している2つの質量 $m_1 = 2\,\text{kg}$, $m_2 = 3\,\text{kg}$ を考える。2つの質量が衝突する前，それぞれ $v_1 = 2\,\text{m/s}$, $v_2 = 1\,\text{m/s}$ で半径 $1\,\text{m}$ の等速円運動をしていた。衝突後は一体となって運動したとき，衝突後の速さを求めよ。

演習問題 B もっと使えるようになりましょう

12-B1 ベルトコンベアーが一定速度 $v\,[\text{m/s}]$ で動いている。この上に毎秒 $m_s\,[\text{kg/s}]$ の割合で，砂が落ちている。このような連続運搬を続けるために必要なベルトコンベアーを引く力の大きさを求めよ。

12-B2 燃料を満載した質量 $M\,[\text{kg}]$ のロケットが打ち上げられる。打ち上げの瞬間を迎えて，質量 $m\,[\text{kg}]$ の燃料を速度 $v\,[\text{m/s}]$ で噴射する反動で，ロケットがリフトオフした。このときのロケットの速度を求めよ。

12-B3 線密度が $0.2\,\text{kg/m}$（$1\,\text{m}$ 当たり $0.2\,\text{kg}$ であること）である全長 $0.6\,\text{m}$ のくさりの一部が，図イのように机から垂れ下がっている。これをすべてもち上げるために必要な仕事を求めよ。ただし，重力加速度を $9.8\,\text{m/s}^2$ とする。

図イ

あなたがここで学んだこと

この章であなたが到達したのは
- □ 内力と外力の違いについて説明できる
- □ 全運動量保存の法則について説明できる
- □ 全角運動量保存の法則について説明できる
- □ 単振動の固有振動数について説明できる

　本章では質点系の運動について，内力と外力の違い，全運動量保存の法則，全角運動量保存の法則，そして単振動の固有振動数の導き方について学んできた。これらは，実在系の運動を理解する上での基礎となる部分であるので，しっかりと理解してほしい。

13章 慣性モーメント

 れまでの章では質点の運動を中心として，複数の質点系の運動の法則まで学んできた。また，静力学的な剛体のつり合いにおいて，剛体には力のつり合いと力のモーメントのつり合いが必要であることも学んだ。以上より，剛体を運動させようとした場合には，質点と同様に剛体の並進運動に加えて，回転運動についても考慮する必要があることが推測できる。質点の並進運動に関しては，物体の動きやすさのパラメーターとしての慣性質量

図A　フライホイール型の蓄電装置
(提供：新エネルギー・産業技術総合開発機構(NEDO))

を定義した。これと同様に物体の回転しやすさのパラメーターが存在することが予想される。このパラメーターが，本章で学ぶ慣性モーメントと呼ばれる量である。これは，慣性質量をもつ物体が並進運動をすることで運動エネルギーをもつのと同様に，慣性モーメントをもつ物体がその場で回転することで回転運動エネルギーを保持することが可能であることを示唆している。この考えを応用したものが，図Aに示すフライホイール型の蓄電装置である。フライホイールはエンジンなどの熱機関において短時間の平準化に利用されてきたが，軸受に超伝導技術を応用するなどの摩擦低減技術を導入することで，長時間エネルギーを平準化できるようになるといった応用の可能性が出てきた。

● この章で学ぶことの概要

　フライホイール蓄電において，エネルギーの蓄積，放出にかかわる部分で，避けて通れないのが，慣性モーメントの概念である。
　本章では，剛体を質点系と捉え，並進と回転の運動方程式を算出する。その運動方程式より慣性モーメントの定義について考察し，算出を行う。その上で，上記の定義式をさまざまな形状・状態にあてはめ計算を行う。これらを学ぶことにより，さまざまな実際の問題において慣性モーメントを算出し，適用することを学ぶ。

> **予習　授業の前にやっておこう!!**
>
> 1. 質点の公転運動に関する運動方程式について確認しておこう。
>   【13-1節に関連】
>
> 2. 平面内での運動に関する角運動量について確認しておこう。【13-1節に関連】
>
> 3. 複数の物体の質量中心について確認しておこう。【13-1節に関連】
>
> 4. 質点系の運動量と外力の関係について確認しておこう。【13-1節に関連】
>
> 5. 質点系の角運動量と外力のモーメントの関係について確認しておこう。【13-1節に関連】

13・1　質点系としての剛体[*1]

[*1] 多変数の積分に慣れていない学生は13-1節のみで，慣性モーメント，重心の積分を用いた詳細の計算を飛ばして14章に進んでもよい。

5章で定義を行ったように，剛体とは質量をもつ，形のある物体のうち，変形をしないものである。ここでは，図13-1のように，剛体を小さな部分として分解することを考えよう。小さな部分が N 個（$i = 1 \sim N$）あり，それぞれの質量，位置を m_i，r_i とすると，

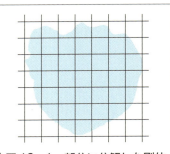

図13-1　部分に分解した剛体

これらの部分が質点とみなせるまで小さくなったと想像しよう。

これらの質点の集合はお互いの位置関係が変わらないだけで，質点系の力学における運動量，角運動量の関係式はそのまま成り立つ。このとき，質量中心 r_c は剛体に対して常に固定した位置にあるので，重心 r_G と呼ばれる。さて，角運動量の式の回転の中心を重心と仮においてみよう。回転は重心を通る軸に対して回転するので，軸に垂直で重心を通る平面に投影した各要素の位置を r_{iP} とおくと，与式は以下のように書き換わる。

$$\sum N_j = \frac{d \sum \{m_i (r_{iP} - r_G)^2 \omega_i\}}{dt} \qquad 13\text{-}1$$

このとき，剛体は各要素の位置が変わらないので，重心を通る軸まわりの角速度はすべての要素で同じ値 ω_G をとる。また，それぞれの位置における質量，重心を通る軸からの位置 $(r_{iP} - r_G)$ は時間による変動がないので積分の外に出して，与式は以下のように書き換えられる。

$$\sum N_j = \sum \{m_i (r_{iP} - r_G)^2\} \frac{d\omega_G}{dt} \qquad 13\text{-}2$$

ここで，右辺の微分項の前の式は剛体の形に対して固有の値であるので，以下の式のように，一つの値 I として表す。

$$I = \sum\{m_i(r_{iP}-r_G)^2\} \qquad 13-3$$

このとき I で定義される値を**慣性モーメント**（moment of inertia）と呼ぶ。この値を用いると，重心まわりの剛体の回転の方程式が以下のように得られる。

$$\sum N_j = I\frac{d\omega_G}{dt} \qquad 13-4$$

一方で，並進運動は剛体の全質量 m と重心を用いて，以下のように書き換えられる。

$$\sum F_j = m\frac{d^2 r_G}{dt^2} \qquad 13-5$$

剛体の運動は，式 13-4，式 13-5 を用いて計算を行う。14 章ではこれらの式を実際の剛体の運動に適用する。

13 2 重心まわりの慣性モーメント

13-1 節で慣性モーメント I を定義したが，重心と同様，質点の集合とした場合は，微小体積で考える必要がある。よって，以下の式を得る。

$$I = \int_V \rho(\boldsymbol{r}_i)(\boldsymbol{r}_{iP}-\boldsymbol{r}_G)^2 dV \qquad 13-6\,^{*2}$$

このままの形では計算が困難なので，密度 ρ が一定で，重心が原点と一致し，回転軸を z 軸，投影面が $x-y$ 平面である場合について考えると，以下のように書くことが可能である。

$$I_z = \rho\iiint (x^2+y^2)dxdydz \qquad 13-7$$

同様に，x 軸と $y-z$ 平面，y 軸と $x-z$ 平面の場合には，それぞれ以下のようになる。

$$I_x = \rho\iiint (y^2+z^2)dxdydz \qquad 13-8$$

$$I_y = \rho\iiint (x^2+z^2)dxdydz \qquad 13-9$$

さて，このように求められた慣性モーメント I_z と全質量 m を用いて，

$$r_R = \sqrt{\frac{I_z}{m}} \qquad 13-10$$

という距離が定義可能である。この距離は求めた慣性モーメントが全質量を軸から r_R の距離においた場合の角運動量と等価であるという意味合いで**回転半径**（radius of gyration）と呼ばれる。

*2
材料力学における断面二次極モーメントや断面二次モーメントと式が似ているので混同しないように注意しよう。とくに，断面二次モーメントは基準が中立"面"であることに注意したい。
定式化後の数学的操作はどちらも大きな違いがないので，これを機会に練習しよう。

また，角運動量は角速度 ω_z と慣性モーメントを用いて
$$L = I_z \omega_z \tag{13-11}$$
で表される。

13　3　平行軸の定理

重心を通る軸に関する慣性モーメントが，積分を用いて計算可能であることを前節で示したが，ものを回転させる場合には必ずしも重心を通る軸まわりの回転ばかりではない。14章においても述べるが，たとえば剛体振り子では固定点まわりの回転を考えると都合がよく，重心と一致することはない。では，図13-2のように平行

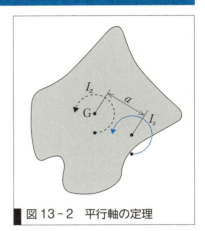

図13-2　平行軸の定理

に重心から a だけ回転軸をずらした場合の慣性モーメントはどうなるであろうか。簡単のため，z 軸まわりの式13-7から変形していこう。まず，回転軸を x 方向に a だけずらしてみると，以下の式のようになる。

$$I_s = \rho \iiint \{(x-a)^2 + y^2\} dxdydz \tag{13-12}$$

展開をすると

$$I_s = \rho \iiint (x^2 - 2ax + a^2 + y^2) dxdydz \tag{13-13}$$

積分は各項に分解することが可能であるので，

$$I_s = \rho \iiint (x^2 + y^2) dxdydz - 2a\rho \iiint x dxdydz + a^2 \rho \iiint dxdydz \tag{13-14}$$

この式の第1項は式13-7の重心軸まわりの慣性モーメントであり，第2項は重心の式であり，第3項は質量を表す。よって

$$I_s = I_z - 2amx_G + a^2 m \tag{13-15}$$

ここで，重心の位置は原点なので，$x_G = 0$ であり，慣性モーメントは

$$I_s = I_z + a^2 m \tag{13-16}$$

である。これは**平行軸の定理**（parallel-axis theorem）といわれ，重心まわりの慣性モーメントと重心からの軸の平行移動距離と質量がわかっていれば任意の位置で慣性モーメントが計算できる。さらに，この式から明らかなように，剛体を回転させる場合に，重心を通る軸で回転させる慣性モーメントが最小の値となる。この定理を応用することで，簡単な形状の複合体の場合の慣性モーメントの計算を行うこともできる。

13-4 薄板の定理

慣性モーメントの式をもう少し変形してみよう。計算の対象が非常に薄い板の場合を考えよう。この場合は z 方向の値を無視することができるので，z，y，x 軸に関する慣性モーメントは，それぞれ以下のように表すことができる。

$$I_z = \rho \iint (x^2 + y^2) dxdy \qquad 13-17$$

$$I_y = \rho \iint x^2 dxdy \qquad 13-18$$

$$I_x = \rho \iint y^2 dxdy \qquad 13-19$$

つまり，薄板の場合には以下の式が成り立つ。

$$I_z = I_x + I_y \qquad 13-20$$

特定の問題を解く場合に便利であるので，覚えておくとよいだろう。

13-5 簡単な形状の慣性モーメント

この節では，前節までに学んだ慣性モーメントを特定の形について求めてみよう。

13-5-1 棒

まず図 13-3 に示すように，最も簡単な長さ l，質量 m，密度 ρ が一様な棒の重心を通る軸まわりの慣性モーメントを求めよう。幅，奥行きは長さに対して充分

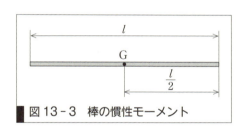

図 13-3 棒の慣性モーメント

に小さく無視できるものとする。さて，重心の位置は棒の中央であり，長手方向を x 軸とする。題意より，y，z 方向への積分は無視でき，重心位置を原点と一致させると，積分の範囲は $-l/2 \sim l/2$ であり，式は次のようにおける。

$$I_z = \rho \int_{-\frac{l}{2}}^{\frac{l}{2}} x^2 dx \qquad 13-21$$

ただし，$\rho = m/l$ よって慣性モーメント I_z は次のようになる。

$$I_z = \frac{m}{l} \left[\frac{x^3}{3} \right]_{-\frac{l}{2}}^{\frac{l}{2}} = \frac{m}{l} \left[\frac{l^3}{24} + \frac{l^3}{24} \right] = \frac{ml^2}{12} \qquad 13-22$$

13-5-2 矩形（直方体）

実際の現象として矩形の材料を回転させることは多くはないが、三次元の形状としては最も積分が容易であるので、計算を行ってみよう。図13-4に示すように、高さh、幅w、奥行dの密度が一様な質量mの矩形

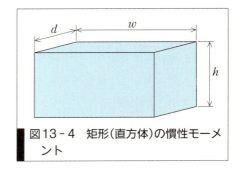

図13-4 矩形（直方体）の慣性モーメント

の材料を考える。このとき重心は$\boldsymbol{r}_G = (w/2, d/2, h/2)$であるので、原点と重心を合わせるとそれぞれの積分範囲は$x : -w/2 \sim w/2$, $y : -d/2 \sim d/2$, $z : -h/2 \sim h/2$である。よって、z軸の慣性モーメントI_zは、次のように表せる。

$$I_z = \frac{m}{hwd} \int_{-\frac{h}{2}}^{\frac{h}{2}} \int_{-\frac{d}{2}}^{\frac{d}{2}} \int_{-\frac{w}{2}}^{\frac{w}{2}} (x^2 + y^2) dx dy dz$$

$$= \frac{m}{hwd} h \int_{-\frac{d}{2}}^{\frac{d}{2}} \left[\frac{x^3}{3} + y^2 x \right]_{-\frac{w}{2}}^{\frac{w}{2}} dy = \frac{m}{d} \int_{-\frac{d}{2}}^{\frac{d}{2}} \left(\frac{w^2}{12} + y^2 \right) dy$$

$$= \frac{m}{d} \left[\frac{w^2}{12} y + \frac{y^3}{3} \right]_{-\frac{d}{2}}^{\frac{d}{2}} = m \frac{w^2 + d^2}{12} \qquad 13-23$$

残りの2つの軸の慣性モーメントI_y, I_xの計算も同様にして、

$$I_y = m \frac{w^2 + h^2}{12} \qquad 13-24$$

$$I_x = m \frac{d^2 + h^2}{12} \qquad 13-25$$

となる。

13-5-3 円板

滑車、タイヤ、フライホイールなど、回転体として、最も多く利用されているのが円板である。実際の部品としては密度がさまざまな複数の円板を組み合わせて作成されるが、ここでは図13-5のような密度一様、半径R、質量m、厚さdの円板について考えよう。円の平面をxy平面に設定し、その面に垂直な軸z

図13-5 円板の慣性モーメント

での回転を考える。さて、このときの積分の領域は、$S : x^2 + y^2 \leqq R^2$, $z : -d/2 \sim d/2$である。よって式は

$$I_z = \frac{m}{\pi R^2 d}\int_{-\frac{d}{2}}^{\frac{d}{2}}\iint_S (x^2+y^2)dxdydz = \frac{m}{\pi R^2}\int_{-R}^{R}\int_{-\sqrt{R^2-y^2}}^{\sqrt{R^2-y^2}}(x^2+y^2)dxdy$$

13-26

となるが,この計算は少々面倒であるので,座標系をデカルト座標(x, y)から円筒座標(r, θ)にして計算してみよう。2つの座標系の関係は

$$x = r\cos\theta, \quad y = r\sin\theta$$

13-27

であり,微小面積は

$$ds = dxdy = rdrd\theta$$

13-28

となる。このときの積分の範囲は$r:0 \sim R$, $\theta:0 \sim 2\pi$である。よって,式は次のようになる。

$$\begin{aligned}I_z &= \frac{m}{\pi R^2}\int_0^{2\pi}\int_0^R r^2 \, rdrd\theta \\ &= \frac{m}{\pi R^2}[\theta]_0^{2\pi}\int_0^R r^3 dr \\ &= \frac{2m}{R^2}\left[\frac{r^4}{4}\right]_0^R = \frac{mR^2}{2}\end{aligned}$$

13-29

もし,内径R_1でくり抜かれた円輪や中心角がϕの扇形の計算を行う場合は,積分範囲を調整することで計算が可能である。また,この計算方法は重心の計算において扇形部品の計算を行うときにも有用であるので覚えておこう。

13-5-4 球

本章最後の計算例として,図13-6のように半径R,質量m,密度が一様の球を取り上げておこう。軸受に使われるベアリング球などが球形の部品の代表であるが,軸でのエネルギー効率を考える場合に重要となる。球は円板とは異なり三次元で積分範囲を考える必要があるが,前項を引き継いで,x, y, zをr, θ, zの円筒座標に変換

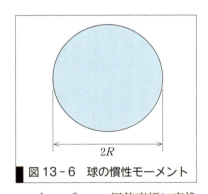

図13-6 球の慣性モーメント

したものと,r, ϕ, θの極座標に変換したものを考えよう。

前者についての積分範囲は$z:-R \sim R$, $\theta:0 \sim 2\pi$, $r:0 \sim \sqrt{R^2-z^2}$となる。よって,式は次のようになる。

$$I_z = \frac{3m}{4\pi R^3}\int_{-R}^{R}\int_0^{2\pi}\int_0^{\sqrt{R^2-z^2}} r^3 \, drd\theta dz$$

13-30

式 13−30 の結果を用いると

$$I_z = \frac{3m}{8R^3}\int_{-R}^{R}(R^2-z^2)^2 dz$$

$$= \frac{3m}{8R^3}\left[R^4 z - \frac{2R^2 z^3}{3} + \frac{z^5}{5}\right]_{-R}^{R} = \frac{3m}{4R^3}\frac{15R^5 - 10R^5 + 3R^5}{15}$$

$$= \frac{2}{5}mR^2 \qquad \qquad 13-31$$

を得る．さて，極座標で計算するとどうなるであろうか．xyz からの変換は

$$x = r\cos\phi\sin\theta, \quad y = r\sin\phi\sin\theta, \quad z = r\cos\theta \qquad 13-32$$

であり，微小体積は

$$dv = dxdydz = r^2\sin\theta\, dr\, d\theta d\phi \qquad 13-33$$

となり，積分範囲は $r:0\sim R$, $\theta:0\sim\pi$, $\phi:0\sim 2\pi$ である．よって式は

$$I_z = \frac{3m}{4\pi R^3}\int_0^{2\pi}\int_0^{\pi}\int_0^{R}r^4\sin^3\theta\, drd\theta d\phi \qquad 13-34$$

となる．この式を計算すると

$$I_z = \frac{3m}{4\pi R^3}[\phi]_0^{2\pi}\left[\frac{r^5}{5}\right]_0^{R}\int_0^{\pi}\sin^3\theta\, d\theta = \frac{3mR^2}{10}\int_0^{\pi}\sin^3\theta\, d\theta$$

$$= \frac{3mR^2}{10}\int_0^{\pi}\sin\theta\left(\frac{1}{2}-\frac{1}{2}\cos 2\theta\right)d\theta$$

$$= \frac{3mR^2}{10}\int_0^{\pi}\left(\frac{\sin\theta}{2}-\frac{1}{4}(\sin 3\theta + \sin\theta)\right)d\theta$$

$$= \frac{3mR^2}{10}\left[-\frac{3}{4}\cos\theta + \frac{1}{12}\cos 3\theta\right]_0^{\pi} = \frac{3mR^2}{10}\left(\frac{3}{2}-\frac{1}{6}\right)$$

$$= \frac{3mR^2}{10}\frac{4}{3} = \frac{2}{5}mR^2 \qquad 13-35$$

となり，円筒座標で計算した値と一致する．極座標系で計算を行う場合には，それぞれの変数に分離可能である点が有利であるが，三角関数の累乗を計算する手間もある．計算の難しさを秤にかけ，どちらでも計算ができるようになるとよいであろう．

演習問題 A　基本の確認をしましょう

13-A1　質量 M の重心まわりの慣性モーメントが I である物体があった。重心から r 離れた点まわりの慣性モーメントを求めよ。

13-A2　単位長さ当たりの質量が $1.0\,\mathrm{kg/m}$，長さ $5.0\,\mathrm{m}$ の一様な材質の棒の重心まわりの慣性モーメントを求めよ。

13-A3　質量 $10.0\,\mathrm{kg}$，半径 $50\,\mathrm{cm}$ の一様な材質の円板があった。重心まわりの慣性モーメントを求めよ。

演習問題 B　もっと使えるようになりましょう

13-B1　図アに示すように，単位長さ当たりの質量が $1.00\,\mathrm{kg/m}$ である太さを無視できる一様な棒でクランクを作成した。クランク軸まわりの慣性モーメントを求めよ。

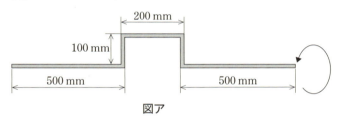

図ア

13-B2　図イに示すように3種類の材質で内側から密度が 3ρ，2ρ，ρ，直径が d，$2d$，$3d$，高さが h のものを組み合わせてフライホイールを作成した。軸まわりの慣性モーメントを求めよ。

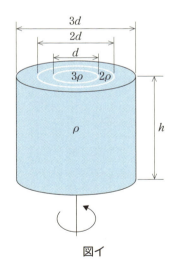

図イ

あなたがここで学んだこと

この章であなたが到達したのは
- □ 剛体の運動方程式の説明ができる
- □ 慣性モーメントを計算する公式が導ける
- □ さまざまな形状の慣性モーメントの計算ができる

　本章では質点系の方程式を積分法により剛体に適用した。その結果から新たな概念である慣性モーメントの定義を行った。また，定義式より，重心まわりの慣性モーメントを用いて，軸を平行移動した場合，厚さが無視できる場合の考え方，計算方法を学んだ。さらに，実際に考えうる簡単な形状について，さまざまな座標系で積分法を適用して計算する手法を学んだ。これらをもとにさまざまな計算ができるように，自分で練習をしておこう。

14章 剛体の運動

　これはトヨタが開発した，電気をエネルギーとする次世代のコミュータである。環境省，運輸省のデータをもとにエネルギーの効率的な利用・二酸化炭素排出の観点からみると，自家用車では，

図A　次世代コミュータ（提供：トヨタ自動車株式会社）

二酸化炭素の排出において全体の10％程度，エネルギー利用で13％のボリュームをもつ。しかし，一方で公共交通機関が未発達な地域では個人用の自家用車は生活に必須の機械である。これらの相反する要請を受け，開発されたのが図Aに示す，次世代コミュータである。このコミュータは他の小型電気自動車と同様に，エネルギー効率のためのパワートレインの変更，輸送効率の向上のための定員の少人数化を行っている。それに加えて，力学的な挙動についても再検討をしている点が特色である。

●この章で学ぶことの概要

　このような力学的挙動も含めて再設計する場合に必要となるのが，剛体の運動についての知識である。本章ではその基礎にあたる平面での剛体の運動方程式を用い，その運動を考察する。それらの運動方程式を運用し，剛体の回転エネルギー，固定軸を持つ各種運動，平面を運動する車のタイヤの運動，撃力の取り扱いを学ぶ。さらに，転がり特有の問題である転がり摩擦についても考察を行う。

> 予習 授業の前にやっておこう!!
>
> 1. 剛体に作用する力の作図方法の復習をしておこう。
>   【14-1節~14-4節に関連】
>
> 2. 質点系の運動方程式を復習しておこう。【14-2節, 14-3節に関連】

14-1 剛体の運動

前章で説明を行ったように、剛体は形をもち変形をしない物体である。特殊な質点系として、運動量、角運動量の式より、平面運動に関して、以下の並進と自転（回転）の2つの式を得た。

$$\sum F_j = m\frac{d^2 r_G}{dt^2} \qquad 14-1$$

$$\sum N_j = I\frac{d\omega_G}{dt} \qquad 14-2$$

ただし、m は剛体の質量、I は慣性モーメント、r_G は重心の位置、ω_G は重心を通り、平面に垂直な軸まわりの角速度である。たとえば前章の演習で出てきた、車のパーツであるクランクシャフトは回転軸であるシャフトから張り出したクランク部分をもち、重心は必ずしも回転軸と一致しない。このような場合には、回転軸の位置 r_c とその点まわりの慣性モーメント I_c、角速度 ω_c を定義して、以下の式14-3を用いて計算するほうが便利な場合がある[*1]。

*1 このときの慣性モーメントの値は、前章でみたように、重心まわりの慣性モーメントと回転軸との距離を用いて平行軸の定理から算出できる。

$$\sum N_j = I_c \frac{d\omega_c}{dt} \qquad 14-3$$

さて、剛体の並進と回転を考える場合に各部分 r_i での速度がどのようになっているかの基本的な考え方について考えてみよう。図14-1に示すように並進の式には重心の速度 $v_G = (v_{Gx}, v_{Gy}, 0)$、重心まわりの角速度ベクトル $\omega = (0, 0, \omega_G)$ が定義さ

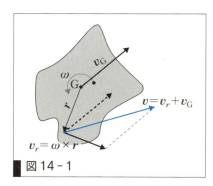

図14-1

れており、重心からの位置ベクトル $r_i = (x_i, y_i, 0)$ が与えられたとき、その点における速度 $v = (v_x, v_y, v_z)$ を考える。このとき、回転によって移動する速度 v_{ri} は、以下のように角速度ベクトルと位置ベクトルの外積で与えられる[*2]。

*2 この計算方法は、回転による周方向の速度を得る計算式である。

$$\boldsymbol{v}_{ri} = \boldsymbol{\omega} \times \boldsymbol{r}_i = (-\omega_\mathrm{G} y_i, \omega_\mathrm{G} x_i, 0) \qquad 14\text{-}4$$

結果，各場所における速度は 2 つの速度の合成なので

$$\boldsymbol{v} = \boldsymbol{v}_\mathrm{G} + \boldsymbol{v}_{ri} = (v_{\mathrm{G}x} - \omega_\mathrm{G} y_i, v_{\mathrm{G}y} + \omega_\mathrm{G} x_i, 0) \qquad 14\text{-}5$$

となる．この合成された速度は問題によっては重要となるので，考え方を身につけてほしい．

なお，二次元平面においてはこの回転によって移動する速度の大きさは $|\boldsymbol{r}_i||\boldsymbol{\omega}|$ であり，問題によっては単純に $r\omega$ と書くことも多い．

14-2 剛体の運動エネルギー

剛体の各部分は上の例でみたような並進運動をせずに回転のみしている場合でも運動を行っており，エネルギーをもっていることが推測できる．

さて，仕事の概念から運動エネルギーを運動方程式を用いて導き出した例を思い出そう．力 $\boldsymbol{F}$ が微小距離 $d\boldsymbol{r}$ だけ進んだときの微小仕事 $dW = \boldsymbol{F} \cdot d\boldsymbol{r}$ である．一方で力のモーメント N がする仕事を考えると，微小距離の概念と等しいものは微小回転角 $d\theta_\mathrm{G}$ である．よって微小仕事は

$$dW = N d\theta_\mathrm{G} \qquad 14\text{-}6$$

で表される．式 14-2 で求めた回転の運動方程式の両辺に微小回転を乗じて積分しよう．

$$\sum \int N_j d\theta_\mathrm{G} = I_\mathrm{G} \int \left(\frac{d\omega_\mathrm{G}}{dt} d\theta_\mathrm{G} \right) \qquad 14\text{-}7$$

左辺は力のモーメントによる仕事なので ΔW とする．また，右辺の式は $d\omega_\mathrm{G}$ と $d\theta_\mathrm{G}$ の位置を入れ替えてみよう．

$$\Delta W = I_\mathrm{G} \int \frac{d\theta_\mathrm{G}}{dt} d\omega_\mathrm{G} \qquad 14\text{-}8$$

ここで $d\theta_\mathrm{G}/dt = \omega_\mathrm{G}$ より

$$\Delta W = I_\mathrm{G} \int \omega_\mathrm{G} d\omega_\mathrm{G} = \frac{I_\mathrm{G}}{2} \left[\omega_\mathrm{G}^2 \right]_{\omega_{\mathrm{G}0}}^{\omega_{\mathrm{G}1}}$$

$$= \frac{1}{2} I_\mathrm{G} (\omega_{\mathrm{G}1}^2 - \omega_{\mathrm{G}0}^2) \qquad 14\text{-}9$$

となり，結果として，角速度 ω_G，慣性モーメント I_G のときの運動エネルギーは

$$K_r = \frac{1}{2} I_\mathrm{G} \omega_\mathrm{G}^2 \qquad 14\text{-}10$$

で与えられる．

よって，自転をしながら並進運動を行っている剛体の全運動エネルギーは

$$K = \frac{1}{2}m|\boldsymbol{v}_\mathrm{G}|^2 + \frac{1}{2}I_\mathrm{G}\omega_\mathrm{G}^2 \qquad 14\text{-}11$$

である。

14-3 固定軸をもつ剛体の運動

この節からは実際の運動について上で挙げた2つの運動方程式を用いて計算を行う方法について考えていく。剛体の運動において，固定軸をもつ場合とは，剛体の運動に関して並進の運動方程式を考慮する必要がない場合，つまり回転の運動方程式のみで考えることができる場合の問題を指す。これらの問題を解くにあたり，剛体の重心を通る軸で固定されている場合と剛体の重心を通らない軸で固定されている場合について考えてみよう。固定された回転体の例としては前章で考えたフライホイールや，車のエンジン・モーターなどが考えられる。応用例を意識しながら，計算例をみていこう。

14-3-1 固定軸が重心を通る運動

まず最も簡単な例として，図14-2に示すようなブレーキを考えてみよう。簡単のため，ディスクは密度が一様，半径 R，質量 m，慣性モーメント I の円板が中心で軸に固定されており，角速度 ω_0 で回転しているとしよう。時刻ゼ

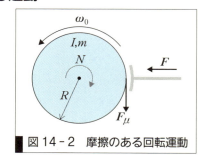

図14-2 摩擦のある回転運動

ロでブレーキシューを半径 R の位置に力 F で押しつけるとし，シューとディスクの間の動摩擦係数は μ_k とする。このとき，ディスクの回転は何秒でゼロになるであろうか。

まず，ディスクの回転を止めるように働く力は動摩擦力で回転方向と逆向きにかかり，その大きさは

$$F_\mu = -\mu_k F \qquad 14\text{-}12$$

よって，モーメントは

$$N = -R\mu_k F \qquad 14\text{-}13$$

よって，回転の運動方程式は

$$-R\mu_k F = I\frac{d\omega}{dt} \qquad 14\text{-}14$$

両辺を t で積分して

$$-\frac{R\mu_k F}{I}\int dt = \int_{\omega_0}^{\omega} d\omega \qquad 14-15$$

$$\omega = \omega_0 - \frac{R\mu_k F}{I} t \qquad 14-16$$

よって，角速度がゼロとなる時間は

$$t = \frac{I\omega_0}{R\mu_k F} \qquad 14-17$$

となる。慣性モーメントの計算ができる場合には $I = (1/2) mR^2$ になる[*3]ので

$$t = \frac{mR\omega_0}{2\mu_k F} \qquad 14-18$$

である。

さらに，もう少し難しい系についても紹介するので考察してみよう[*4]。

[*3] この関係式はよく使うので覚えておこう。

[*4] WebにLink
剛体滑車を使ったアトウッドの機械の例題はWebに掲載する。

14-3-2 固定軸が重心を通らない運動

固定軸が重心を通らない場合は重心を通る場合と同様に，運動のみで考える場合は前項と同様に，それぞれ回転の運動方程式と慣性モーメントの値がわかれば計算が可能である。

最も簡単な例として，図14-3のような剛体振り子を考えてみよう。振り子の質量 m，重心まわりの慣性モーメント I_G とし，重心から距離 a の点で固定し，微小角 θ_0 でもち上げて手を放した場合の運動を考えよう。重力は重心の位置で下向きに mg の大きさでかかるので，回転方向の力の成分は

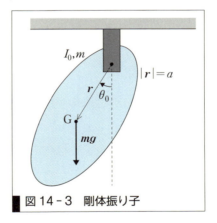

図14-3 剛体振り子

$$F = -mg\sin\theta \qquad 14-19$$

となる。微小な角度より

$$F = -mg\theta \qquad 14-20$$

よって，回転軸まわりの力のモーメントは

$$N = -amg\theta \qquad 14-21$$

一方で，回転軸まわりの慣性モーメント I_a は平行軸の定理[*5]より

$$I_a = I_G + ma^2 \qquad 14-22$$

よって，回転の運動方程式は

$$-amg\theta = (I_G + ma^2)\frac{d^2\theta}{dt^2} \qquad 14-23$$

[*5] 前章を終えていない学生は，公式として利用してよい。

計算すると，角度 θ は

$$\theta = \theta_0 \cos\left(\sqrt{\frac{g}{\frac{I_G}{ma}+a}}\,t\right) \qquad 14-24$$

となる．また，角速度 ω は

$$\omega = -\theta_0 \sqrt{\frac{g}{\frac{I_G}{ma}+a}} \sin\left(\sqrt{\frac{g}{\frac{I_G}{ma}+a}}\,t\right) \qquad 14-25$$

である．

さて，問題は実在の機械においてこのような計算のみで済ませてよいかという点である．実在の機械材料は当然材料力学的な変形をする機械であり，材料力学的評価を行うためには軸にかかる力を考慮する必要がある．剛体振り子の例では重心は回転軸から距離 a の線分上に拘束されているため，8章で取り扱った半径方向の運動方程式を適用する必要がある．振り子の軸にかかる力を F_a とすると，運動方程式は

$$ma\omega^2 - F_a + mg\cos\theta = m\frac{d^2 r}{dt^2} \qquad 14-26$$

となる．半径方向に移動しないので，左辺はゼロとなり軸にかかる力は

$$\begin{aligned}F_a &= ma\omega^2 + mg\cos\theta \\ &= ma\frac{\theta_0^2 g}{\frac{I_G}{ma}+a}\sin^2\left(\sqrt{\frac{g}{\frac{I_G}{ma}+a}}\,t\right) + mg\cos\theta \end{aligned} \qquad 14-27$$

を得る．このように剛体を偏心して回転させる場合には軸に力がかかる点を考慮に入れる必要がある．身近な例では車のタイヤの交換を行う際に重心の調整を行っているので機会があれば観察してほしい[*6]．

[*6] タイヤを回転させながら小さなおもりをつけ，振動の状況を確認することでバランスをとっている．

14・4 剛体の平面運動

前節では剛体が固定されている場合を考えた．この節では1つの剛体に対して2つの運動方程式を同時に使う場合を考えよう．最も身近な例としては，車の車輪は並進運動を行いながら回転も行っている．現象の条件としてはさまざまではあるが，個別に考えていこう．さらに，剛体における運動量や角運動量の扱いを野球のバットを例にとって説明を行いたい．

14・4・1 円板の運動

車の車輪の運動について考えるために，図14-4のように，密度が一様な質量 m，半径 R の簡略化された車輪を考えよう[*7]．地面とタイ

[*7] 車の進む方向，右向きを正としている．通常の右手系で回転は反時計まわりを正ととるので，時計まわりの力のモーメント，角速度は図中では負で表現されている．
また，簡略化するときに車体を支える力，タイヤの自重は省き，垂直抗力として代表させている．これらの力のバランスは静力学的に解くことが可能である．

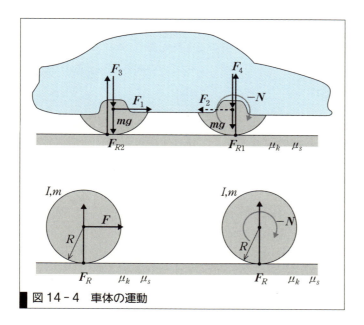

図 14-4 車体の運動

ヤの間には摩擦が存在し静止摩擦係数，動摩擦係数をそれぞれ μ_s, μ_k としよう。タイヤには駆動輪[*8]と非駆動輪が存在するので，それぞれについて考えよう。

まずは，タイヤの運動において，接地面でのタイヤの部分の速度を考えて，摩擦がどのように働くのかを考えてみよう。

図 14-5 に示すようにタイヤが左から右に速度 $(v, 0, 0)$ で進んでいるとき，時計まわりに回転を行っているのがふつうである。このときの角速度を $(0, 0, \omega)$ としておこう。タイヤの重心を原点にとると接地面の位置は $(0, -R, 0)$ である。また，接地面での回転の速度は $(R\omega, 0, 0)$ である。並進速度と合成して，接地面でのタイヤの速度は $(v + R\omega, 0, 0)$ となる。速度成分がゼロでない場合は速度の向きと逆向きに動摩擦力が発生する。このとき，タイヤは滑っていると表す。

[*8] 実際の駆動輪はモーメントだけでなく，図 14-4 で示すように F_2 の力を車体から受けているが，ここでは簡単のため省略している。

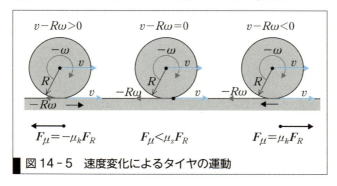

図 14-5 速度変化によるタイヤの運動

一方，速度がゼロとなるときには，接地面は静止しているので静止摩擦力が働く。このような状態のことを転がるという。転がっている場合は力や力のモーメントの状態によって力の向きが決まるので，のちほど詳しく解説する。

まず，滑っている状態で非駆動輪の状態をみてみよう。滑っている状態なので，初期の角速度 $-\omega_0$，初期速度 v_0 で運動しているとしよう。力 F で軸を引張っている状態とし，タイヤは接地面から垂直抗力 F_R を受けるとする。このとき，接地面での摩擦力は次のように表せる。

$$\begin{cases} F_{\mu_k} = \mu_k F_R & (v_0 < R\omega_0) \\ F_{\mu_k} = -\mu_k F_R & (v_0 > R\omega_0) \end{cases} \qquad 14\text{-}28$$

また，並進運動の方程式は次のように表せる。

$$\begin{cases} F + \mu_k F_R = m\dfrac{dv_G}{dt} & (v_0 < R\omega_0) \\ F - \mu_k F_R = m\dfrac{dv_G}{dt} & (v_0 > R\omega_0) \end{cases} \qquad 14\text{-}29$$

さらに，回転の方程式は次のように表せる。

$$\begin{cases} R\mu_k F_R = I\dfrac{d\omega}{dt} & (v_0 < R\omega_0) \\ -R\mu_k F_R = I\dfrac{d\omega}{dt} & (v_0 > R\omega_0) \end{cases} \qquad 14\text{-}30$$

速度，角速度をそれぞれ計算すると，

$v_0 < R\omega_0$ のとき

$$\begin{cases} v(t) = v_0 + \dfrac{t(F + \mu_k F_R)}{m} \\ \omega(t) = -\omega_0 + \dfrac{tR\mu_k F_R}{I} \end{cases}$$

$v_0 > R\omega_0$ のとき

$$\begin{cases} v(t) = v_0 + \dfrac{t(F - \mu_k F_R)}{m} \\ \omega(t) = -\omega_0 - \dfrac{tR\mu_k F_R}{I} \end{cases} \qquad 14\text{-}31$$

となる。同様にして軸にモーメント N を作用させる駆動軸の場合も計算しよう。

並進の運動方程式は

$$\begin{cases} \mu_k F_R = m\dfrac{dv_G}{dt} & (v_0 < R\omega_0) \\ -\mu_k F_R = m\dfrac{dv_G}{dt} & (v_0 > R\omega_0) \end{cases} \qquad 14\text{-}32$$

となり，回転の運動方程式は

$$\begin{cases} N + R\mu_k F_R = I\dfrac{d\omega}{dt} & (v_0 < R\omega_0) \\ N - R\mu_k F_R = I\dfrac{d\omega}{dt} & (v_0 > R\omega_0) \end{cases} \qquad 14\text{-}33$$

となる。速度，角速度を計算すると

$v_0 < R\omega_0$ のとき

$$\begin{cases} v(t) = v_0 + \dfrac{t\mu_k F_R}{m} \\ \omega(t) = -\omega_0 + \dfrac{t(N + R\mu_k F_R)}{I} \end{cases}$$

14 − 34

$v_0 > R\omega_0$ のとき

$$\begin{cases} v(t) = v_0 - \dfrac{t\mu_k F_R}{m} \\ \omega(t) = -\omega_0 + \dfrac{t(N - R\mu_k F_R)}{I} \end{cases}$$

となる。モーメントも力も加えていない場合は

$v_0 < R\omega_0$ のとき

$$\begin{cases} v(t) = v_0 + \dfrac{t\mu_k F_R}{m} \\ \omega(t) = -\omega_0 + \dfrac{tR\mu_k F_R}{I} \end{cases}$$

14 − 35

$v_0 > R\omega_0$ のとき

$$\begin{cases} v(t) = v_0 - \dfrac{t\mu_k F_R}{m} \\ \omega(t) = -\omega_0 - \dfrac{tR\mu_k F_R}{I} \end{cases}$$

となり，速度が回転より遅い場合に並進は加速し，角速度は減少する。逆の場合に速度は減速し，角速度の絶対値は上昇する。結果としてどこかで，転がりの条件に到達し，以下に述べる転がりの運動となる。転がりの条件になる時間は

$$t = \frac{|R\omega_0 - v_0|}{\mu_k F_R \left(\dfrac{1}{m} + \dfrac{R^2}{I}\right)} = \frac{m|R\omega_0 - v_0|}{3\mu_k F_R}$$

14 − 36

となる。一方で力 F を加えた場合は，

$$\begin{cases} t = \dfrac{R\omega_0 - v_0}{\dfrac{F}{m} + \mu_k F_R \left(\dfrac{1}{m} + \dfrac{R^2}{I}\right)} = \dfrac{m(R\omega_0 - v_0)}{F + 3\mu_k F_R} \quad (v_0 < R\omega_0) \\ t = \dfrac{v_0 - R\omega_0}{-\dfrac{F}{m} + \mu_k F_R \left(\dfrac{1}{m} + \dfrac{R^2}{I}\right)} = \dfrac{m(v_0 - R\omega_0)}{3\mu_k F_R - F} \quad (v_0 > R\omega_0) \end{cases}$$

14 − 37

となり，力のモーメント N を加えた場合は次のようになる。

$$\begin{cases} t = \dfrac{R\omega_0 - v_0}{\dfrac{NR}{I} + \mu_k F_R \left(\dfrac{1}{m} + \dfrac{R^2}{I}\right)} = \dfrac{m(R\omega_0 - v_0)}{\dfrac{2N}{R} + 3\mu_k F_R} \quad (v_0 < R\omega_0) \\ t = \dfrac{v_0 - R\omega_0}{-\dfrac{NR}{I} + \mu_k F_R \left(\dfrac{1}{m} + \dfrac{R^2}{I}\right)} = \dfrac{m(v_0 - R\omega_0)}{3\mu_k F_R - \dfrac{2N}{R}} \quad (v_0 > R\omega_0) \end{cases}$$

14 − 38 [*9]

[*9] この式で，ブレーキを踏む場合は N が正の値に，アクセルを踏む場合は N が負の値になることに注意する。

滑り摩擦の状態はエネルギー損失が発生すること，詳細には立ち入らないが進行方向に垂直な横方向に対する安定性が低いことから，この時間はなるべく短くすることが望ましい。タイヤの回転が高すぎる非駆動輪の場合には，力が正方向に作用することは安定方向であり，負の向きの制動条件では不安定になる。一方で，逆にタイヤの回転が低すぎる場合には正方向への力は不安定の原因となり，負の方向への力が安定方向になる。駆動輪の場合はタイヤを前進させるモーメントが負であることを考えると，エンジンなどからの動力は負，ブレーキなどの制動力が正となる。回転が速すぎる場合，たとえば砂地などでタイヤが空回りする場合には動力は不安定に働き，制動力が安定方向となる。また，氷面などの滑りやすい面でスリップが始まる場合には制動力が不安定方向であり，動力が安定方向となる[*10]。

*10
自動車の運転教習などで，タイヤをロックさせないことや，滑り出したらブレーキを離すなどと習う理由である。

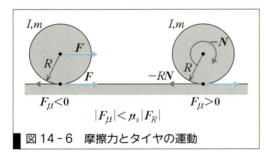

図 14-6 摩擦力とタイヤの運動

次に図 14-6 のように静止摩擦力 F_{μ_s} がかかる場合を考えよう。静止摩擦力に関しては 2 つの点に注意が必要である。1 つは基本的には複数の値をとりうる量で，上限がある。これは静止摩擦係数 μ_s と垂直抗力 F_R を用いて，以下のように表される。

$$F_{\mu_s} < \mu_s F_R \qquad 14-39$$

もう 1 つは，接地面において物体を動かそうとする力と逆向きの力であることである。非駆動輪においては水平方向に作用する力の方向と反対向きに設定すればよいが，駆動輪においては力のモーメント N を接地面で発生させる力の向きと反対向きである。よって N が正である場合には，そのモーメントを発生させる力の向きは接地面において正であるので，静止摩擦力は負の値となる。一方で N が負の場合は正の値となる。これらに注意して，運動方程式を立ててみよう[*11]。

*11
場合分けのまとめ
1. 並進速度と回転による接地面の速度の和が
 （ⅰ）値をもつとき，
 　→動摩擦
 　　→回転・並進の運動方程式が独立に計算が可能である。
 （ⅱ）0 であるとき，
 　→静止摩擦
 　　→摩擦力が未知，並進運動と回転運動は半径を介して独立ではない。
 　　→前に進む力のモーメントは前向きの摩擦力を発生させる。

非駆動輪の場合は，

$$\begin{cases} F - F_{\mu_s} = m \dfrac{dv_G}{dt} & (a) \\ -F_{\mu_s} R = I \dfrac{d\omega_G}{dt} & (b) \\ -R\omega_G = v_G & (c) \end{cases} \qquad 14-40$$

式 14-40(b) に式 14-40(c) を代入して整理すると

$$F_{\mu_s} = \frac{I}{R^2} \frac{dv_G}{dt} \qquad 14-41$$

となり，式 14-40(a)，(b) に代入することで，並進の運動方程式，静止摩擦力が求められる。

$$\begin{cases} F = \left(m + \dfrac{I}{R^2}\right)\dfrac{dv_G}{dt} = \dfrac{3m}{2}\dfrac{dv_G}{dt} \\ F_{\mu_s} = \dfrac{F}{1 + \dfrac{R^2 m}{I}} = \dfrac{F}{3} \end{cases} \qquad 14\text{-}42$$

つまり,作用する力の条件は以下で与えられる。

$$|F| < 3\mu_s F_R \qquad 14\text{-}43$$

一方,駆動輪について,$-N$ の駆動力を与えた場合の運動方程式を立てると,

$$\begin{cases} F_{\mu_s} = m\dfrac{dv_G}{dt} & \text{(a)} \\ -N - F_{\mu_s} R = I\dfrac{d\omega_G}{dt} & \text{(b)} \\ -R\omega_G = v_G & \text{(c)} \end{cases} \qquad 14\text{-}44$$

となる。式 14-44 (a) に式 14-44 (c) を代入して整理すると,

$$F_{\mu_s} = mR\dfrac{d\omega_G}{dt} \qquad 14\text{-}45$$

となり,式 14-44 (a),(b) に代入することで回転の運動方程式,静止摩擦力が求められる。

$$\begin{cases} -N = (mR^2 + I)\dfrac{d\omega_G}{dt} = \dfrac{3}{2}mR^2\dfrac{d\omega_G}{dt} \\ F_{\mu_s} = -\dfrac{N}{R + \dfrac{I}{mR}} = -\dfrac{2N}{3R} \end{cases} \qquad 14\text{-}46$$

よって,作用する力のモーメントの条件は以下の式で与えられる。

$$|N| < 3R\mu_s F_R \qquad 14\text{-}47$$

このように転がる場合は,力および力のモーメントとも作用する条件があるものの,この範囲に収まるように機械の運用を行うことで,安定した運動を得ることが可能になる[*12]。

14-4-2 転がり摩擦

前項で述べたように特別な転がりの条件に合致する運動においては,静止摩擦力が作用するが,この力は仕事をしないので,一度転がり始めたタイヤは力や力のモーメントが作用しないかぎり静止することはない。しかし,実際には永遠に転がり続けるタイヤは存在しない。ここでは,床の微小な変形により発生する**転がり摩擦** (rolling resistance) について考察していこう。

[*12] いわゆるポンピングブレーキはフットブレーキを踏み込み,滑り始めたら少し緩めて再び踏み込むブレーキのしかたなので,式 14-47 の状態と式 14-36 の状態を繰り返すことになる。Antilock Brake System (ABS) は式 14-47 の状態を保持するように制御するシステムである。結果的には後者のほうが制動距離は短くなる。

図14-7のように，剛体が転がるときに，床はかすかに変形し凹むと考えられている。この凹みの段差を超えるために力Fが必要である。接地点と段差までの距離をfとしよう。タイヤの半径Rに対してfは非常に小さいと仮定できるとすると，重心に垂直下向きにかかる力F_Rによる力のモーメントは次のように表せる。

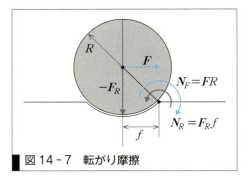

図14-7 転がり摩擦

$$N_R = fF_R \qquad \text{14-48}$$

これを超えるために必要な力Fによるモーメントは

$$N_F = -F\sqrt{R^2 - f^2} \approx -RF \qquad \text{14-49}$$

である。このとき2つのモーメントがつり合うと考えると

$$F = \frac{fF_R}{R} \qquad \text{14-50}$$

となる。この凹みまでの距離として定義したfを**転がり摩擦係数**（rolling resistance coefficient）と呼び，距離の次元をもち，滑り摩擦の係数同様に物質によって異なる値をもつ。この摩擦係数とタイヤの半径，垂直方向の力の成分によって，転がり摩擦力が計算でき，この力によって転がるタイヤは静止することになる[*13]。

*13 転がり摩擦係数は一般に接地面やタイヤが硬い場合に小さくなる傾向がある。一方で，滑り摩擦係数も小さくなる。そのため，力の伝達に摩擦を使う場合に不利になる。タイヤの設計をするときは2つの相反する条件を満たす必要がある。

14-4-3 打撃の中心

ラケット競技や野球において，スイートスポットや芯といった概念がある。これはラケットやバットをもった位置に対してある特定の部位にボールが当たった場合に最も効率がよく力を伝達できる場所が存在することを示している。バットやラケットにボールが当たる現象は質点では衝突の現象であり，衝突時に撃力（impulsive force）という大きな力が微小な時間に働く。衝突時の力積と運動量，角運動量がどう変化するか考えてみよう。衝突する点を重心からlの位置として，質点と同様に運動方程式を時間で積分すると，衝突前後の速度をv_0, v_1, 角速度をω_0, ω_1とすると以下のように変形ができる。

$$\begin{cases} \int F dt = m \int \frac{dv_G}{dt} dt = m \int dv_G = mv_1 - mv_0 \\ \int N dt = I \int \frac{d\omega}{dt} dt = I \int d\omega = I\omega_1 - I\omega_0 \end{cases} \qquad \text{14-51}$$

式14-51を静止したバットにボールを当てる問題に適用してみよう。図14-8に示すようにバットの慣性モーメントをI, 質量をm, 力積をJ, 重心からボールが衝突するまでの距離をlとおくと，

$$v_1 = \frac{J}{m} \qquad 14\text{-}52$$

$$\omega_1 = -\frac{lJ}{I} \qquad 14\text{-}53$$

式 14-4 より任意の位置 r での速度は

$$v(r) = v_1 - \omega_1 r = \frac{J}{m} + \frac{lJ}{I} r \qquad 14\text{-}54$$

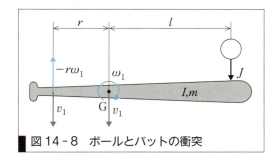

図 14-8 ボールとバットの衝突

となる。この速度は,

$$r = -\frac{I}{ml} \qquad 14\text{-}55$$

となる点で常にゼロで一定になる。つまり,打撃をした場合に衝撃を受けない位置となる。逆に考えて,重心から r だけ離れた位置でバットを保持している場合,バットの芯の位置は

$$l = -\frac{I}{rm} \qquad 14\text{-}56$$

となる。この芯やスイートスポットは**打撃の中心**(center of percussion)と呼ばれている。このように衝突の概念は剛体であっても質点と同様に取り扱いができること,剛体独特の回転,並進の組み合わせにより,有益な特質が現れることに注目しよう。

演習問題　A　　基本の確認をしましょう

14-A1 図アに示すように慣性モーメント I,半径 R の滑車に巻きつけたひもを力 F で引張り続けた。t 秒後の滑車の角速度を求めよ。

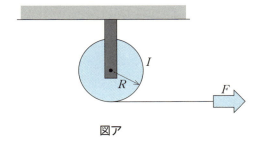

図ア

14-A2 図イに示すように静止した直径 d,質量 m,慣性モーメント I のヨーヨーが高さ h だけ下降した。重力加速度を g として,ヨーヨーの角速度と下向きの速度を求めよ。

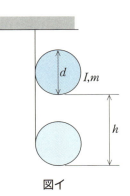

図イ

14-A3 図ウのように速度 v で転がっている直径 d，質量 m，慣性モーメント I の円板が滑らかにつながった角度 θ の坂を転がりながら上った。坂は無限に続くと考えて，円板が静止する高さ h を求めよ。

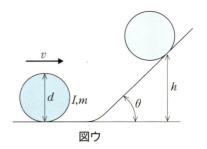

図ウ

演習問題　B　もっと使えるようになりましょう

14-B1 図エのように，半径 R，質量 m，慣性モーメント I の駆動輪が軸まわりにモーメント N を受け，進行方向と逆向きの力 F を軸に受けている場合，駆動輪は転がるとして，床との間の静止摩擦力の大きさを求めよ。

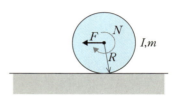

図エ

あなたがここで学んだこと

この章であなたが到達したのは
- □剛体の運動方程式を説明できる
- □剛体の回転エネルギーの計算ができる
- □固定された剛体の運動の計算ができる
- □平面内を運動する剛体の計算ができる

　本章では，剛体の運動方程式を平面上で適用する方法を学んだ。その過程において，回転エネルギーを慣性モーメントにより表現する方法を学んだ。また，実際に運動する剛体の例を，ある固定軸に固定されている場合について学び，典型的な問題である，車の駆動軸，非駆動軸についての問題の取り扱いを学んだ。そこから，運転免許の講習等で定性的に説明される，制動に関しての知見を定量的に得ることができた。さらに，エネルギーを消費する要因である転がり摩擦の概念についても知見を得，スポーツの分野においても力学を適用することができることを打撃の中心の問題によって得た。このように，多くの現実的な問題はこの章で学んだことで力学的な説明がつくことが学べたと思う。

15章 力学の適用例

（提供：毎日新聞社（2015 年 8 月 10 日記事より））

　この記事は，我が国が誇る高速鉄道である新幹線の安全神話を揺るがす事故として毎日新聞の Web サイトに掲載されたものの一部である。事故後，車両の側面下部にある金属カバーを固定するためのボルトの締めつけが不十分であったのではないかとの発表がなされた。先達も機械工学をはじめとする周辺工学分野の知識や技術を結集し，安全・安心に細心の注意を払ってものづくりを行い，人々の生活を豊かに，そして便利にしてきた。一般的な機械製品は多数の要素・部品から構成されており，それらの機械特性や材料特性などを十分に把握した上で適切に使用することが求められる。さらに，そのような機械製品にも常日頃からメンテナンスが必要であり，それに手を抜いてしまうと大きな事故につながってしまう。このような事故や失敗から得た教訓を糧とし，常に新たなものづくりに挑戦する責務をエンジニアは担っている。

● この章で学ぶことの概要

　これまでの章では，力やモーメントの概念，それらが物体に作用することで生じる運動状態の変化，さらに物体を運動させるのに必要なエネルギーなどを学習してきた。本章では，これらの応用として，機械要素・システムにおいて起こる滑り摩擦と，回転運動から直線運動への変換方法を取り上げる。摩擦をともなう機械の運動は，機械の効率，性能や寿命などに悪影響をおよぼす要因であると一般的に捉えられているが，それらの本質を理解して上手に機械設計や機構設計などに導入すれば，マイナスの効果と認識されていた特性がプラスの効果をもたらし，活用できる現象であることを学ぶ。

> **予習　授業の前にやっておこう!!**
>
> 1. 乾燥摩擦状態で成り立つ経験則であるアモントン・クーロンの法則（またはクーロンの法則と呼ばれることも多い）を説明せよ。
>   【3−3節，4−3節，15−1節に関連】
>
> 2. 静止摩擦係数と静止摩擦角との間に成立する関係を説明せよ。【4−3節，15−1節に関連】
>
> 3. ねじにおける有効直径，ピッチ，リードを説明せよ。【15−1節に関連】
>
> 4. モーメントの定義を確認しよう。【5−2節，15−2節に関連】
>
> 5. エネルギー保存の法則を復習しよう。【10−3節，15−2節に関連】

15.1 機械要素における摩擦

15-1-1 ねじ

円柱または円すいに三角形や四角形などの断面形状をもつ突起をらせん状に設けたものが**ねじ**(screw threads)であり，部品の締めつけ，固定，移動，伝動などに古くから用いられている。ねじは，突起部の山と谷のかみ合いによって生じる摩擦現象を利用した重要な機械要素の一つである。なお，円柱のねじを平行ねじ，円すいのねじをテーパねじという（図15−1）。

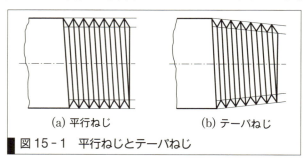

図15−1　平行ねじとテーパねじ

プレス，ジャッキ，バイスなどの機械装置においては，大きな荷重の伝達が求められるため，四角ねじが用いられることが多い。図15−2において，四角ねじを利用して荷重をもち上げる（負荷する），つまりねじを締めつける場合を考えてみよう。

ねじの有効直径を D，ピッチを p とすると，ねじに働く力は底辺長 πD，高さ p の斜面に作用する力に相当する。ここで，ねじに働く軸力を Q，ねじを締めつけるために必要な力を F，ねじ面の静止摩擦係数を μ_s とすると，斜面に沿って働く力のつり合い式は，

$$\mu_s(Q\cos\alpha + F\sin\alpha) = F\cos\alpha - Q\sin\alpha \qquad 15-1$$

となる。摩擦角を θ とすると 4-3 節で学習したように $\mu_s = \tan\theta$ の関係があるから，式 15-1 を F について解くと[*1]，

$$F = Q\frac{\sin\alpha + \mu_s\cos\alpha}{\cos\alpha - \mu_s\sin\alpha} = Q\tan(\alpha + \theta) \qquad 15-2$$

となり，ねじを締めつけるのに要するトルク T [*2] は次のように求められる。

$$T = \frac{D}{2}F = \frac{D}{2}Q\tan(\alpha + \theta) \qquad 15-3$$

*1 **Let's TRY!**
実際に式を誘導してみよう。

*2 **工学ナビ**
トルクは力のモーメントと単位は同じ Nm で，物理的意味も同じである。工学の分野では，回転によるねじりモーメントのことを**トルク** (torque) と呼ぶことが多い。以降はトルクと表す。

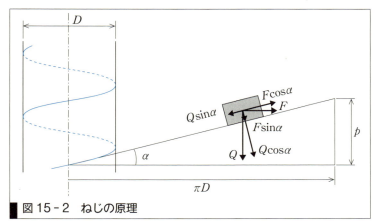

図 15-2 ねじの原理

ねじ面に摩擦がない場合の締めつけトルク T' は，式 15-3 において $\theta = 0$ とすればよく，

$$T' = \frac{D}{2}Q\tan\alpha \qquad 15-4$$

となる。トルク T に対するトルク T' の比はねじの**効率** (efficiency) と呼ばれ，これを η で表すならば次のように傾角 α，摩擦角 θ または静止摩擦係数 μ_s で与えられ，

$$\eta = \frac{T'}{T} = \frac{\tan\alpha}{\tan(\alpha + \theta)} = \frac{1 - \mu_s\tan\alpha}{1 + \mu_s\cot\alpha} \qquad 15-5$$

となる。摩擦はねじ面以外にナット座面や座金面などに生じるため，実際にねじを締めつける際には式 15-2，式 15-3 で計算される F や T よりも大きな力，トルクが必要である。

一方，ねじをゆるめる場合は，図 15-2 に図示した力 F およびそれによる摩擦力 $\mu_s F\sin\alpha$ の作用方向はいずれも反対になるため，斜面に沿って働く力のつり合い式は式 15-1 に対して，次のようになる。

$$\mu_s(Q\cos\alpha - F\sin\alpha) = F\cos\alpha + Q\sin\alpha \qquad 15-6$$

これより，ねじをゆるめるのに必要な力 F は

$$F = Q\frac{-\sin\alpha + \mu_s\cos\alpha}{\cos\alpha + \mu_s\sin\alpha} = Q\tan(\theta - \alpha) \qquad 15-7$$

となり，ねじが自然にゆるまないための条件として $\theta > \alpha$ が得られる[3]。

例題 15-1
ねじの有効直径 32 mm，ピッチ 5 mm，ねじ面の静止摩擦係数 0.07 のジャッキで物体を押し上げるときに要したトルクが 30 Nm であった場合のねじ効率と，その物体の質量を求めよ。

解答 図 15-2 に示したように，ねじを斜面と置き換えた場合，その斜面の傾角 α は，

$$\alpha = \tan^{-1}\frac{p}{\pi D} = \tan^{-1}\frac{5}{32\pi} = 2.85°$$

となる。したがって，効率 η は式 15-5 より次のように求められる。

$$\eta = \frac{1 - \mu_s \tan\alpha}{1 + \mu_s \cot\alpha} = \frac{1 - 0.07\tan 2.85°}{1 + 0.07\cot 2.85°} = 41.4\%$$

また，摩擦角 θ は $\theta = \tan^{-1}\mu_s = \tan^{-1}0.07 = 4°$ であり，式 15-3 を Q について解くと，

$$Q = \frac{2T}{D\tan(\alpha + \theta)} = \frac{2 \times 30}{32 \times 10^{-3}\tan(2.85° + 4°)} = 15.6 \text{ kN}$$

となる。したがって，押し上げられた物体の質量 m は次のようになる。

$$m = \frac{Q}{g} = \frac{15.6 \times 10^3}{9.8} = 1.59 \times 10^3 \text{ kg}$$

なお，式 15-5 を $T' = \eta T$ と変形して式 15-4 に代入し，Q について解いた式，つまり $Q = 2\eta T/D\tan\alpha$ からも，上と同様な m を求めることができる。

15-1-2 ベルト

動力を伝動するための装置の一つに，平ベルト，V ベルトやロープを利用した巻掛け伝動装置がある。この装置は，ベルトやロープと，それらが巻きつけられている車との間に生じる摩擦を利用したもので，**摩擦伝動** (friction transmission) と呼ばれている（図 15-3）。

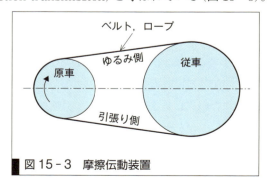

図 15-3 摩擦伝動装置

ここで，図 15-4 においてベルトの引張り側の張力を T_1，またゆる

---

[3] **Let's TRY!!**
ボルトやナットのゆるみ止めの方法に関しては，これまでに数多くの特許が公開されており，製品化されているものも多い。インターネットなどを利用して調査してみよう。

み側の張力を T_2 とする。ベルト車とベルトとの接触領域（接触角 α [*4]）には，接触力およびそれによる摩擦力が生じる。ベルトの微小部分PQを考えると，その部分での接触力を dR, 摩擦係数を μ とすると，摩擦力 μdR, ベルトの張力 T, $T+dT$ が働き，ベルト車半径方向および円周方向の力のつり合い式は次のようになる。

$$T\sin\frac{d\theta}{2} + (T+dT)\sin\frac{d\theta}{2} = dR \qquad 15\text{-}8$$

$$T = (T+dT) + \mu dR \qquad 15\text{-}9$$

[*4] **Don't Forget!!**
α の角度は°（度）ではなく，rad（ラジアン）であることに注意しよう。

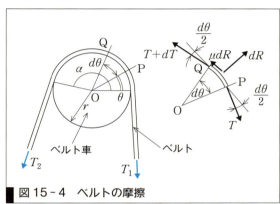

図 15-4 ベルトの摩擦

図 15-4 における PQ は微小であるため，ベルト車の中心 O と PQ がなす角 $d\theta$ も十分に小さく，このことを考慮すると式 15-8 と式 15-9 はそれぞれ次のようになる。

$$Td\theta = dR \qquad 15\text{-}10$$

$$dT + \mu dR = 0 \qquad 15\text{-}11$$

式 15-10 と式 15-11 の両式から dR を消去すると，

$$\frac{dT}{T} = -\mu d\theta \qquad 15\text{-}12$$

となり，これをベルト車とベルトが接触している全領域（$0 \leqq \theta \leqq \alpha$）にわたって積分すると，次のようになる。

$$T_1 = T_2 e^{\mu\alpha} \qquad 15\text{-}13$$

これより，T_1 は指数関数的に増加し，引張り側の張力 T_1 はゆるみ側の張力 T_2 に比べ非常に大きくなることがわかる。たとえば，ベルト車とベルト間の摩擦係数 μ を 0.4，接触角 α を 3.67 rad（= 210°）とするならば，T_1 は T_2 の約 4.3 倍の大きさになる。材質にもよるが，ベルトが平ベルトの場合の摩擦係数 μ は一般的に 0.2〜0.4，V ベルトの場合の μ は 0.4〜0.55 である。このため，平ベルト使用時と同一の回転力を得るのに必要なベルト張力は，V ベルトを使用する場合には小さくてもよい。このような摩擦現象は，自動車や工作機械などにおいて軸回転数の変速機構にも応用されている。さらに身近な例として，怪我をし

たときに使用する包帯なども，その端をクリップなどの簡単な装具で止めておくだけでゆるみにくくなるのも摩擦のためである。

15-1-3 軸受

一般的に，荷重やトルクが作用する回転軸を支持する機械要素を**軸受**（bearing）といい，とくに軸心に対して垂直方向から荷重を受けながら回転する軸を支持する軸受を**ジャーナル軸受**（journal bearing）と呼ぶ。

図15-5に示すような直径 D の軸に荷重 W が作用し，1秒間当たり n の回転数で軸受幅 L の軸受内を回転しているジャーナル軸受内で生じる摩擦を考えてみよう。このとき，軸と軸受は同心状態にあり，その半径すきま c 内は η の粘度を有するニュートン流体[*5]で満たされているものとする。流れ

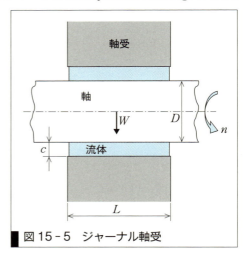

図15-5 ジャーナル軸受

*5 **工学ナビ**
定温・定圧の状態にある空気や水などの一般的な多くの気体や液体の粘度は一定値を示す。このような流体を**ニュートン流体**（Newtonian fluid）という。

学などでも学習する，図15-6に示すような相対速度 V で移動する平行2平面間のすきま内に満たされたニュートン流体においては，せん断応力 τ とせん断速度 dv/dy との間に $\tau = \eta dv/dy$ の関係がある。その両辺に流体と軸受が接触している面積 A（図15-5では πDL に相当）をかけると，流体のせん断抵抗によって発生する摩擦力 F になる。

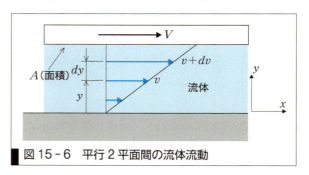

図15-6 平行2平面間の流体流動

また，せん断速度 dv/dy は図15-5のジャーナル軸受では $(\pi Dn)/c$ で表されるから，摩擦力 F は次のように与えられる。

$$F = \eta A \frac{\pi DL}{c} = \frac{\eta \pi^2 D^2 Ln}{c} \qquad 15-14$$

摩擦係数 μ は，式15-14の摩擦力 F を荷重 W で除したものであり，

$$\mu = \frac{\eta \pi^2 D^2 L n}{Wc} \qquad 15-15$$

となる。一方,荷重 W は軸受投影面積 $(= DL)$ と軸受平均面圧 P_m により,$W = P_m DL$ で与えられる。したがって,式 15-15 の摩擦係数 μ は次のようにも表される。

$$\mu = \frac{\pi^2 D}{c} \frac{\eta n}{P_m} \qquad 15-16$$

式 15-16 は**ペトロフの式**(Petroff's law)といわれるもので,これによって計算される摩擦係数 μ は,軸が軽荷重で高速で回転している場合において,実測値とほぼ一致することが知られている。

例題 15-2 荷重 $W = 2\,\mathrm{kN}$,回転数 $N = 1500\,\mathrm{rpm}$ で回転する軸を,軸直径 $D = 50\,\mathrm{mm}$,軸受幅 $L = 50\,\mathrm{mm}$,半径すきま $c = 25\,\mu\mathrm{m}$ の同心状態にあるジャーナル軸受で支えるときの摩擦係数 μ と,消費される動力 H を求めよ。ただし,流体の粘度 η を $5\,\mathrm{mPa\cdot s}$ とする。

解答 1 秒間当たりの回転数 n は $n = N/60 = 1500/60 = 25\,\mathrm{rps}$ であり,軸受平均面圧 P_m は,

$$P_m = \frac{W}{DL} = \frac{2000}{50 \times 10^{-3} \times 50 \times 10^{-3}} = 8 \times 10^5\,\mathrm{Pa}$$

となる。したがって,ペトロフの式 15-16 より摩擦係数 μ は,次のように求められる。

$$\mu = \frac{\pi^2 D}{c} \frac{\eta n}{P_m} = \frac{\pi^2 \times 50 \times 10^{-3}}{25 \times 10^{-6}} \frac{5 \times 10^{-3} \times 25}{8 \times 10^5} = 0.003$$

また,摩擦によって消費される動力 H は,軸の周速 $(= \pi D n)$ とせん断摩擦力 $F(= \mu W)$ の積で求められる。すなわち,

$$H = \pi D n \times \mu W = \pi \times 50 \times 10^{-3} \times 25 \times 0.003 \times 2000$$
$$= 23.6\,\mathrm{W}$$

となる。

15・2 回転運動から直線運動への変換

前節までは,個別の機械要素の力学を学んだ。実際の機械は,これらの機械要素をはじめとしてさまざまな要素を組み合わせて設計される。もちろん,それぞれの機械的特性を考慮する必要があるが,12 章で学んだように,一つのユニットとして動作することを想定した力学的アプローチが必要になる場合がある。

本節では,身近な移動機械の例を示し,さらに,一つの機械ユニットとして,産業機械のなかでも精密機械や半導体製造装置,搬送装置に広

く用いられる移動テーブルを例にあげ，力学的アプローチについて解説する。

15-2-1 身近な移動機械の運動

自動車は，運転者がステアリングを操作することにより自由に運動を制御することができる。速度も 300 km/h を超える性能を誇るものもある。また，超高層ビルに設置されるエレベーターでは 70 km/h を超えるものも開発された。これらはいずれも大出力のエンジンやモーターを用いてその性能を達成している。これに対して，一般的な産業機械では，せいぜい 6 km/h 程度である。産業機械としては十分に高速運動といえるが，1/1000 mm 以下の精度で精密な位置決めを行うことが要求されるために制御性能，コンピューターの演算時間，機械要素の動的性能の制限を受けて現状の性能となっている。この機構には，リニアモーター駆動，ボールねじ駆動が採用されることが多い。ここではボールねじ駆動機構を例として用いてテーブル運動に必要な諸パラメータを求めてみる。

15-2-2 ボールねじ駆動型移動テーブルの駆動トルクの算出

半導体製造装置や数値制御工作機械の開発においては，移動テーブルの位置決め制御は機械の性能を左右する重要な機構である。図 15-7 は，工作機械によく用いられている移動テーブルの概略図である。

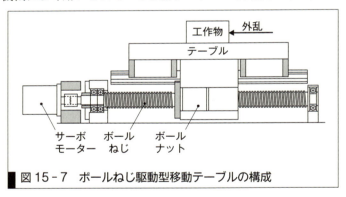

図 15-7 ボールねじ駆動型移動テーブルの構成

駆動機構にボールねじ駆動を採用し，回転位置検出器を備えたサーボモーターによる位置フィードバック制御を採用した移動テーブルの設計を行う際に必要となるモータートルクを算出してみる。

この移動テーブルの移動部の質量を M，工作物の質量を m，これらとスライド部の移動にともなう動摩擦係数を μ_k とする。このとき移動するために必要なトルク T_B を求めてみよう。ただし，図 15-8 と図 15-

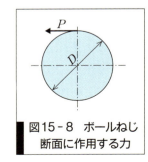

図 15-8 ボールねじ断面に作用する力

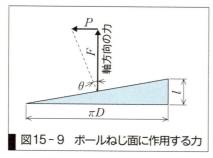

図15-9 ボールねじ面に作用する力

9に示すようにボールねじ周方向力をP，ボールねじの直径をD，リード角をθ，ねじの効率をηとする。

まず，ボールねじを回転させるために必要なトルクT_Bを求めるために，図15-8からトルクのつり合い式を立てると以下のように表される。

$$T_B = P \cdot \frac{D}{2} \qquad 15-17$$

一方，周方向の力Pはボールねじのリードlと軸方向の推力Fとの関係から，図15-2と図15-9を参照してねじの周長πDを用いると，

$$P = F \cdot \tan\theta = F \cdot \frac{l}{\pi D} \qquad 15-18$$

となる。式15-17に式15-18を代入すると，トルクT_Bは，

$$T_B = F \cdot \frac{l}{\pi D} \cdot \frac{D}{2} = \frac{Fl}{2\pi} \qquad 15-19$$

となる。ここで，工作機械では加工時の切削抵抗によるボールねじ軸方向に外乱による力F_cが作用する。このとき移動テーブルの荷重による進行方向の力$\mu_k(m+M)g$とF_cとの合成により，式15-19は次のようになる。

$$T_B = \frac{\{\mu_k(m+M)g + F_c\}l}{2\pi} \qquad 15-20$$

ねじの効率ηを考慮すると，式15-20は次のようになる。

$$T_B = \frac{\{\mu_k(m+M)g + F_c\}l}{2\pi\eta} \qquad 15-21$$

15-2-3 ボールねじ駆動型移動テーブルの加速に必要なトルクの算出

加速に必要なトルクを考える。まず，テーブルの慣性モーメントJ_Tを求めよう。ここでは，ボールねじの回転数n[rpm]，角速度ω，テーブルの移動速度vから，エネルギー保存の法則より，直線運動エネルギーと回転運動エネルギーとが等しくなることを利用する。

$$\frac{1}{2}(m+M)v^2 = \frac{1}{2}J_T\omega^2 \qquad 15-22$$

$$J_T = \frac{(m+M)v^2}{\omega^2} \qquad 15-23$$

回転数は n,テーブルの移動速度は v であるから,$\omega = 2\pi n/60$,$v = ln/60$ より,式 15-23 からテーブルの慣性モーメント J_T は次式のように求めることができる。

$$J_T = \frac{(m+M)\left(\frac{ln}{60}\right)^2}{\left(\frac{2\pi n}{60}\right)^2} = (m+M)\left(\frac{l}{2\pi}\right)^2 \qquad 15-24$$

15-2-4 ボールねじ駆動型移動テーブルの全体の慣性モーメントと加速に必要なトルク

全体の慣性モーメント J_a を,ボールねじの慣性モーメント J_B と,テーブルの慣性モーメント J_T を用いて表すと次式となる。

$$J_a = J_T + J_B \qquad 15-25$$

次に,加速に必要なトルク T_A は,J_a とボールねじの角加速度 $\dot{\omega}$ を用いると次式で表される。

$$T_A = J_a \dot{\omega} \qquad 15-26$$

15-2-5 ボールねじ駆動型移動テーブルの動作に必要なトルク

移動テーブルの動作に必要なトルク T を,(i)加速時,(ii)等速時,(iii)減速時に分けて T_A,T_B を用いて表すと以下のように表すことができる。

（i）加速時

$$T = T_A + T_B$$

（ii）等速時

$$T = T_B$$

（iii）減速時

$$T = -T_A + T_B$$

以上のように,動作に必要なトルクを求めることができる。この結果を受けて設計者は,このテーブルの駆動に必要なモーターの選定を行うことになる。

演習問題 A 基本の確認をしましょう

15-A1 有効直径 27.5 mm, ピッチ 5 mm の四角ねじを使ったジャッキで質量 500 kg の物体を押し上げるときのねじの効率, および必要なトルクを求めよ。ただし, ねじの静止摩擦係数は 0.07 とする。

15-A2 1 本のロープを丸棒に巻きロープの先端に物体をつるし, その状態を保持するために, その物体の重さの 1/100 の力でロープ他端を支えるためのロープの巻き数を求めよ。ただし, ロープと丸棒間の摩擦係数は 0.4 であるとする。

15-A3 図アに示すように直径 $D = 60$ cm, ロール間のすきま $c = 1$ cm の圧延用ロールがある。この圧延ロールを用いた場合の, ロール間に引き込むことができる板材の最大厚さ t_{max} を求めよ。ただし, ロールと板材との間の静止摩擦係数は 0.1 であるとする。

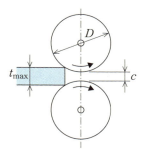

図ア 圧延ロールと板材

15-A4 図 15-7 に示した移動テーブルが次の仕様であるとき, ボールねじを回転させるために必要な駆動トルク T_B を求めよ。

工作物を含めた移動部質量	$m + M = 45$ kg
垂直方向外力	$F_c = 100$ N
ボールねじの軸径	$D = 20$ mm
ボールねじのリード	$l = 5$ mm
ボールねじの効率	$\eta = 0.9$
テーブル移動の動摩擦係数	$\mu_k = 0.05$

15-A5 15-A4 において, 以下の条件で全体の慣性モーメント J_a と加速に必要なトルク T_A を, さらに加速時に移動テーブルの動作に必要なトルク T を求めよ。

ボールねじの密度	$\rho = 8.0 \times 10^3$ kg/m³
ボールねじの長さ	$L = 500$ mm
テーブルの移動速度	$V = 15 \pm 2$ mm/s
ボールねじの角加速度	$\dot{\omega} = 1256$ rad/s²

演習問題 B　もっと使えるようになりましょう

15-B1 図イは，巻き上げ機の回転ドラムを停止させるための帯ブレーキの概略で，帯が回転ドラムに接している部分の中心角は 270° である。ブレーキレバーの先端に $F=300\,\text{N}$ の力を作用させたときに，回転ドラムに作用する停止トルクの大きさを求めよ。ただし，帯と回転ドラム間の摩擦係数は 0.15 とする。

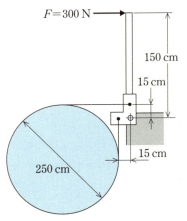

図イ　巻き上げ機の帯ブレーキ

15-B2 有効直径 45 mm，ピッチ 6.5 mm の四角ねじで質量 1000 kg の物体を 0.3 m/min の速度でもち上げるために必要な動力を求めよ。ただし，ねじ面の摩擦係数は 0.1 とする。

あなたがここで学んだこと

この章であなたが到達したのは
- □ ねじの力学（締めつけ原理，効率）を説明できる
- □ 摩擦力を用いた動力伝達のしくみについて説明できる
- □ 摩擦による動力損失を計算できる
- □ 慣性モーメントを説明できる
- □ 回転運動を直線運動に変換するための駆動トルクを計算できる

　本章では，これまでに学習してきた工業力学の知識を応用した機械要素の代表例として，ねじ，摩擦伝動装置，ジャーナル軸受，そしてボールねじ駆動の移動テーブルの力学について学んだ。実際の機械の設計に際しては対象となる機械をモデル化し，設計データを得るための予測計算が必要である。併せて，対象とする機械に関する技術的な発展歴史や失敗例などにも目を向けることで，先人の知恵にも触れられ，独創的な製品開発に際してのヒントを得ることも少なくはない。工業力学を含めた周辺分野の知識は，機械設計において基礎的な検討を行うために重要であり，複数の工学的な知識を有機的に結びつけて新しい機械の開発に積極的に挑んでほしい。

解答

※本書の各問題の「詳しい解答例」は，本書の「WebにLink」で見ることができます。下記URLのキーワード検索で「PEL工業力学」を検索してください。
http://www.jikkyo.co.jp/

1章

●予習

1. 直線運動の例： エレベーター，バンジージャンプ，カーリングのストーン，ベルトコンベアー，など。

   円運動の例： 観覧車，乗り物のタイヤの動き，扇風機の羽根，コマの歳差運動，など。

   放物運動の例： スキーのジャンプ，投てき（やり投げ，ハンマー投げ，砲丸投げ），ドライバーショット時のゴルフボールの動き，など。

2. 張力，反力，衝撃力，推力，制動力，弾性力，減衰力，慣性力，引力，など。

3. 略

演習問題

1-A1 ペンチ，釘抜き，栓抜き，ジャッキ（自動車のタイヤ交換に使う），レンチ，スパナ，プルタブ（飲料缶の飲み口を開ける），爪切り，パンチ（紙に穴をあける），箸，水道栓，ドアノブ，スプレーノズルのレバー，など。

1-A2 歯車：運動を伝達する。運動の速さを変える。運動の向きを変える。
ベルトとプーリー：運動を伝達する。運動の速さを変える。
カム：運動の方向を変える（回転を往復へ）。
リンク：運動の向きを変える。運動できる範囲を規制する。力を伝達する。
ガイド：運動の方向を規制する。
ばね：振動を吸収する。力や荷重を支え，物体をもとの位置に復帰させる。
軸受：荷重を支える。運動方向を規制する（回転のみ，往復のみ）。相対運動する物体どうしの摩擦を軽減する。

1-A3 力の大きさを拡大または縮小する。
運動の向きを変える。
運動の速さを変える。
物体の運動を，複数の別の物体の運動に分割する。

1-B1 略

1-B2 略

1-B3 略

2章

●予習

1. (1) $7^0 = 1$

   (2) $8^{\frac{2}{3}} = (\sqrt[3]{8})^2 = 2^2 = 4$

   (3) $\log_2 8^{\frac{1}{4}} = \frac{1}{4}\log_2 8 = \frac{1}{4}\log_2 2^3 = \frac{3}{4}\log_2 2 = \frac{3}{4}$

   (4) $\log_2 (\sqrt{2})^3 = 3\log_2 \sqrt{2} = 3\log_2 2^{\frac{1}{2}} = \frac{3}{2}\log_2 2 = \frac{3}{2}$

演習問題

2-A1 $\cos\theta = -\frac{\sqrt{5}}{3}$ （θ は第2象限の角）

$\tan\theta = -\frac{2\sqrt{5}}{5}$

2-A2 $\frac{2}{\sin\theta}$

2-A3 略

2-A4 略

2-A5 略

2-A6 略

2-A7 (1) $24x^2 - 24x + 10$

(2) $\frac{x^2 - 2x}{(x-1)^2}$

(3) $-\frac{6}{(2x+1)^4}$

(4) $-\frac{1}{\sin^2 x}$

(5) $-\tan x$

2-A8 体積の増加量：1.13 cm^3
表面積の増加量：0.75 cm^2

2-A9 (1) $\frac{1}{3}(x^2+1)^{\frac{3}{2}}$

(2) $\frac{1}{3}\sin^3 x$

(3) $\frac{x^2}{4}(2\log_e x - 1)$

2-A10 $\frac{1}{2}(a+b)h$

2-A11 $\frac{1}{3}\pi a^2 h$

2-B1 一辺：2 cm
最大容積：128 cm^3

2-B2 πab

2-B3 $\frac{2}{3}\pi a^2$

3 章

●予習

1. 質量は物体を動かすときや止めようとするときの抵抗力の度合いであり，重さ（重量）は地球が物体を引張っている力の大きさである。

2.
物理量	単位	定　　義
長さ	m	真空中を光が 299,792,458 分の 1 秒間に進む距離
質量	kg	国際キログラム原器の質量
時間	s	セシウム 133 原子の基底状態の 2 つの超微細準位の間の遷移放射の 9,192,631,770 周期の継続時間

3.
場の力	重力，電磁力など
接触する力	抗力，摩擦力，張力，弾性力など

演習問題

3 - A1　5.0 m/s

3 - A2　14.7 N

3 - A3　8.82 N

3 - A4　4.9 N

3 - A5　196 N/m

3 - A6　29.4 N

3 - B1　(1) 49 N　(2) $49\sqrt{2}$ N, 49 N

3 - B2　98 N

3 - B3　2.9 N

4 章

●予習

1. (1) $A + B = \left(\dfrac{-\sqrt{3}+\sqrt{3}}{4}, \dfrac{1+3}{4}\right) = (0, 1)$

   (2) $C - B = \left(-\dfrac{\sqrt{3}}{4}, -\dfrac{7}{4}\right)$

   (3) $A + B + C = (0, 0)$

2. $a = \dfrac{\sqrt{3}}{2}mg, b = \dfrac{1}{2}mg$

演習問題

4 - A1　大きさ：78.1 N
方向：50 N の力から 40 N の力が働いている方向へ 26.3°

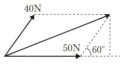

4 - A2　合力の大きさ：合力 (1, 5) より $\sqrt{26}$ N
水平からの方向：$\tan^{-1}\left(\dfrac{5}{1}\right) = 78.7°$

4 - A3　合力：(17.7 N, 12.3 N)（または 21.6 N の力）
方向：x 軸より時計方向に 34.8°

4 - A4　AC = 264 N, BC = 215 N

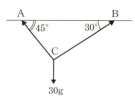

4 - B1　合力：(7, 3, 7)（または 10.3 N）

4 - B2　$T = \dfrac{5}{4}mg$

$R = \dfrac{3}{4}mg$

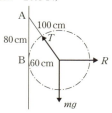

4 - B3　A = 0.897 mg
B = 0.732 mg

4 - B4　A = $\dfrac{2}{\sqrt{2}}mg$

B = $\dfrac{1}{\sqrt{2}}mg$

C = D = $\dfrac{1}{\sqrt{2}}mg$

5 章

●予習

1. (1) $N = 35\,k$
   $W = 0$
   (2) $N = 35\,k$
   $W = 20$
   ※k は z 方向の単位ベクトル

2. 右図より
   AC = $\dfrac{\sqrt{3}}{2}mg$
   BC = $\dfrac{1}{2}mg$

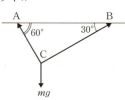

3. (6, 4)

演習問題

5 - A1　$F = 60$ N
$R = 160$ N

5 - A2　$N = 3$ Nm

5 - A3　(5, 5) の位置に (3 N, -8 N) の力が働けばつり合う。

5 - A4　$R_A = 250$ N
$R_B = 50$ N

5 - B1　$F = -50$ N（下向き 50 N）
$T = 300$ N
$R = 150\sqrt{3}$ N

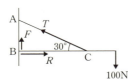

5 - B2　$\mu = \dfrac{1}{2\tan\theta}$
$\theta = \rho$ で滑り始めたので
最大静止摩擦係数 $\mu_{\max} = \dfrac{1}{2\tan\rho}$

5 - B3　$M = -85$ Nm
$R = -30$ N（左へ 30 N）
$F = 100$ N

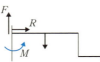

5 - B4　最大巻き上げ可能質量
m：816 kg（8000 N）
ベアリングに発生する反力：
$(-2000$ N, 8000 N$)$
反力の大きさ：8246 N
反力の向き：水平上向きより
左に 14°

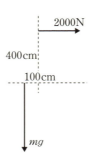

6 章

●予習
向きと大きさ：下向き 10 N
位置：40 N の力から右方 20 mm

演習問題

6 - A1　左端から，水平方向に 33.7 mm

6 - A2　$x_G = 85$ mm，$y_G = 70$ mm

6 - A3　$x_F = \dfrac{1}{4}$，$R_A = \dfrac{3}{4}F$，$R_B = \dfrac{1}{4}F$

6 - A4　4.25 MPa

6 - A5　9.8 N

6 - B1　(a) 大きな円の中心から，左方向に 4 mm
(b) 中心軸上の下端から 40 mm 上方

6 - B2　$F = \dfrac{1}{2}\rho g W H^2$

6 - B3　$H < \sqrt{3}\,R$

7 章

●予習
略

演習問題

7 - A1　橋の高さ：44.1 m
水面に達したときの石ころの速さ：29.4 m/s

7 - A2　最高点に達する時間：2.04 秒後
最高点の高さ：20.4 m

7 - A3　地面に達する時間：2.02 秒後
落下点までの水平距離：20.2 m

7 - B1　最高点の高さ：19.6 m
初速：35.8 m/s

7 - B2　$\dfrac{v_0^2 \sin 2\theta_0}{g} = \dfrac{v_0^2 \sin 2\left(\dfrac{\pi}{2} - \theta_0\right)}{g}$

8 章

●予習

1. 速度：　　$v = t + 3$
　 加速度：　$a = 1$

2. 速度：$\dfrac{dx}{dt} = -9.8t$
　 位置：$x = -\dfrac{1}{2}gt^2 + h = -4.9t^2 + 20$

3. 打ち出し角度：$\theta = \dfrac{\pi}{4}\ (= 45°)$
　 最大到達距離：$x_{\max} = \dfrac{v_0^2}{g} = 255$ m

演習問題

8 - A1　周速度：9.4 m/s
向心加速度：11.9 m/s^2

8 - A2　角加速度：2.51 rad/s^2
角速度：12.6 rad/s

8 - A3　静止までの走行距離：244.4 m

8 - A4　向心加速度：$r\omega^2$

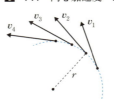

8 - B1　おもりの半径方向の速度：0
おもりの半径方向の加速度：$-l\theta_0^2\omega^2\sin^2\omega t$
おもりの周方向の速度：$-l\theta_0\omega\sin\omega t$
おもりの周方向の加速度：$-l\theta_0\omega^2\cos\omega t$

半径方向の加速度の最大値：$\omega t = \dfrac{n\pi}{2}$（$n$ は整数）の
とき（$\theta = 0°$ のとき）

周方向の速度の最大値：半径方向の加速度のときと同じ
周方向の加速度の最大値：$\omega t = n\pi$ のとき（$\theta = \pm\theta_0$
のとき）

8 - B2 79.7 km/h

8 - B3 角速度：$\dot{\theta} = \dfrac{2\pi g}{p} t$

   角加速度：$\ddot{\theta} = \dfrac{2\pi g}{p}$

9 章

●予習

1. 略

2. $a_t = 0$, $a_n = \dfrac{v^2}{r}$

3. (1) $\dfrac{1}{2}x^2 + C$

   (2) $\ln|x| + C$

   (3) $\dfrac{1}{B}\ln|A + Bx| + C$

   ＊ C はすべて積分定数

演習問題

9 - A1 重力加速度 $g = 9.61$ m/s^2

9 - A2 708.6 m

9 - A3 $v = \sqrt{2\left(gh - \dfrac{fl}{m}\right)}$

9 - A4 $S = \dfrac{2v_0^2}{g\cos^2\alpha}\cos(\alpha + \beta)\sin\beta$

9 - A5 上昇するときに床から受ける反力：708 N
降下するときに床から受ける反力：468 N

9 - A6 179.9 mm

9 - B1 $\dfrac{V}{g}\ln 2$

9 - B2 $T_1 = 27.0$ N
$T_2 = 16.2$ N
$a = 4.4$ m/s^2

9 - B3 $S = \dfrac{m_2 - \mu_k m_1}{m_1 + m_2}\dfrac{h}{\mu_k} + h$

9 - B4 $v_C = \sqrt{2rg\cos\alpha}$
反力：$3mg\cos\alpha$

10 章

●予習

1. 速度：$\sqrt{2gh}$（重力方向）
2. 略
3. 略

演習問題

10 - A1 運動エネルギー：約 385.8 kJ

10 - A2 最下点に達するときの速度：約 1.9 m/s

10 - A3 摩擦により損失する動力：約 14.1 W

10 - A4 2.8 kJ

10 - A5 7.9×10^3 kJ

10 - B1 $\dfrac{5r}{2}$ 以上

10 - B2 $\dfrac{5}{3}r$

10 - B3 $\sqrt{\dfrac{2g}{l}}$ rad/s

10 - B4 $\dfrac{1}{2}(k_1 + k_2)x^2$

11 章

●予習

1. 加速度：0.83 m/s^2
2. $v = \sqrt{2gh}$
3. $s_2 = s_1\left(\dfrac{v_2}{v_1}\right)^2$

演習問題

11 - A1 運動と反対方向に 1.2 kN

11 - A2 5.67 s 後

11 - A3 球①の速度：0.05 m/s
球②の速度 5.25 m/s
エネルギーの損失量：34.65 J

11 - A4 質量比：0.5

11 - A5 球①の衝突後の速度：10.73 m/s,
球②の衝突後の速度：11.46 m/s

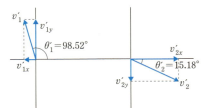

11 - B1 $\sqrt{1 + \dfrac{2}{3}}mv - 1$ s 間

11 - B2 $\dfrac{1 + e^2}{1 - e^2} h$

11 - B3 (1) $h_1 = h_2 = \dfrac{v'^2}{2g} = \left(\dfrac{m_1}{m_1 + m_2}\right)^2 h$

   (2) $h_1 = \dfrac{v_1'^2}{2g} = \left(\dfrac{m_1 - m_2}{m_1 + m_2}\right)^2 h$, $h_2 = \dfrac{v_2'^2}{2g} = \left(\dfrac{2m_1}{m_1 + m_2}\right)^2 h$

12 章

●予習

1. 略
2. 略

3. 略
4. 略

演習問題

- 12 - A1 $v_4' = -1\,\mathrm{m/s}$
- 12 - A2   角運動量：$1\,\mathrm{kg\cdot m^2/s}$
- 12 - A3 $1.4\,\mathrm{m/s}$
- 12 - B1   コンベアーを引く力：$m_s v\,[\mathrm{N}]$
- 12 - B2   ロケットの速度：$v\log_e\!\left(\dfrac{M}{M-mt}\right)-gt$
- 12 - B3   くさりのすべてを持ち上げるために必要な仕事：約 $0.35\,\mathrm{J}$

13 章

●予習
1. 略
2. 略
3. 略
4. 略
5. 略

演習問題

- 13 - A1   慣性モーメント：$I + Mr^2$
- 13 - A2   慣性モーメント：$10.4 \sim 10\,\mathrm{kgm^2}$
- 13 - A3   慣性モーメント：$1.25\,\mathrm{kgm^2}$
- 13 - B1   慣性モーメント：$1.33 \times 10^{-3}\,\mathrm{kgm^2}$
- 13 - B2   慣性モーメント：$\dfrac{49}{16}\pi\rho d^4$

14 章

●予習
1. 略
2. 略

演習問題

- 14 - A1   角速度：$\dfrac{RF}{I}t$
- 14 - A2   下向きの速度：$\sqrt{\dfrac{8mgh}{md^2+4I}}$
- 14 - A3 $h = \dfrac{v^2}{2mgd^2}(4I + md^2)$
- 14 - B1   静止摩擦力：$\dfrac{IF + RNm}{I + R^2 m}$

15 章

●予習
1. 略

2. 略
3. 略
4. 略
5. 略

演習問題

- 15 - A1   ねじの効率：$45.1\,\%$
  必要なトルク：$8.64\,\mathrm{Nm}$
- 15 - A2   巻き数：1.8 巻
- 15 - A3   最大厚さ：$1.3\,\mathrm{cm}$
- 15 - A4 $T_B = 0.11\,\mathrm{Nm}$
- 15 - A5 $J_a = $ 約 $2.8 \times 10^{-5}\,\mathrm{kgm^2}$
  $T_A = 0.035\,\mathrm{Nm}$
  $T = 0.15\,\mathrm{Nm}$
- 15 - B1   停止トルク：$1.3\,\mathrm{kNm\cdot s}$
- 15 - B2   動力：$155.0\,\mathrm{W}$

索引

■ 記号・数字
5つの単一機械 ――― 17

■ A–Z
MKS単位系 ――― 44
QOL ――― 22
SI単位系 ――― 44

■ あ
圧力 ――― 45
アトウッドの器械 ――― 111
アルキメデスの原理 ――― 80
安定 ――― 81
位置エネルギー ――― 126
一次導関数 ――― 30
一次の近似式 ――― 31
位置ベクトル ――― 86
運動エネルギー ――― 126,127
運動学 ――― 13
運動方程式 ――― 14,43
運動量 ――― 135
運動量保存の法則 ――― 14,136
エネルギー ――― 29
エネルギー原理 ――― 127
エネルギー保存の法則 ――― 14,129
円運動 ――― 86
遠心力 ――― 15,20,114
円すい振り子 ――― 114
応力 ――― 45,64
重さ ――― 46

■ か
外積 ――― 29
回転運動 ――― 13
回転半径 ――― 163
外力 ――― 108,146
加加速度 ――― 89
角運動量 ――― 149
角運動量保存の法則 ――― 14,151
角加速度 ――― 97
角速度 ――― 96
角力積 ――― 151
加速度 ――― 29,43,87,108
滑車 ――― 17
緩衝 ――― 135
慣性 ――― 43
慣性質量 ――― 46
慣性の法則 ――― 14,43
慣性モーメント ――― 163
慣性力 ――― 113
完全塑性衝突 ――― 137
完全弾性衝突 ――― 137
機械的エネルギー ――― 126
求心力 ――― 98,114
極座標 ――― 99
極小値 ――― 32
極大値 ――― 32
曲線運動 ――― 86
偶力 ――― 63,81
くさび ――― 17
経路 ――― 86
向心加速度 ――― 98
向心力 ――― 48,98
合成ベクトル ――― 29
拘束運動 ――― 111
剛体 ――― 13,62
合モーメント ――― 153
効率 ――― 187
抗力 ――― 47
国際標準単位系 ――― 44
誤差 ――― 45
コサイン ――― 26
弧度法 ――― 96
固有角振動数 ――― 157
固有振動数 ――― 157
コリオリの加速度 ――― 101
コリオリの力 ――― 20,101
転がり摩擦 ――― 181
転がり摩擦係数 ――― 182

■ さ
最大静止摩擦係数 ――― 58
最大静止摩擦力 ――― 47
サイン ――― 26
作用点 ――― 14
作用・反作用の法則 ――― 14,43
三角関数 ――― 26
三角比 ――― 27
時間 ――― 29
軸受 ――― 17,190
仕事 ――― 29,120
仕事率 ――― 125
質点 ――― 13,55
質点系 ――― 146
質量 ――― 13,29,43,72,108
ジャーナル軸受 ――― 190
車輪 ――― 17
重心 ――― 15,72
終速度 ――― 110
周速度 ――― 97
集中荷重 ――― 77
集中力 ――― 77
重力 ――― 15,46
衝撃力 ――― 135
衝突 ――― 137
衝突の実験 ――― 133
垂直抗力 ――― 15,47
スイングバイ ――― 21
スカラー ――― 29,43
図心 ――― 75
正弦 ――― 26
静止摩擦係数 ――― 47
正接 ――― 26
精度 ――― 46
静力学 ――― 12
積分法 ――― 33
接近速度 ――― 137
接線加速度 ――― 88,97
接頭語 ――― 45
ゼロベクトル ――― 100
全運動量 ――― 148
全運動量の式 ――― 148
全運動量保存の法則 ――― 149
全角運動量 ――― 152
全角運動量の式 ――― 153,154
全角運動量保存の法則 ――― 153
速度 ――― 29,87
束縛力 ――― 48

■ た
打撃の中心 ――― 183
ダランベールの原理 ――― 113
単位 ――― 44
単位ベクトル ――― 92,100
タンジェント ――― 26
単振動 ――― 157
弾性 ――― 13
弾性エネルギー ――― 126
弾性力 ――― 49
力 ――― 29,42
力の三要素 ――― 42
着力点 ――― 52
中立 ――― 81
張力 ――― 48
直線運動 ――― 86
直交座標 ――― 99

定積分 ——— 33	反発係数 ——— 137	■ ま
テイラーの定理 ——— 31	反力 ——— 47	マクローリンの定理 ——— 31
てこ ——— 17	微分法 ——— 30	摩擦角 ——— 58
等加速度直線運動 ——— 89	非保存力 ——— 123	摩擦伝動 ——— 188
等速度直線運動 ——— 89	不安定 ——— 81	摩擦力 ——— 15,47
動摩擦係数 ——— 48,58,123	プーリー ——— 17	無次元量 ——— 44
動摩擦力 ——— 48,123	復元力 ——— 126	メタセンター ——— 82
動力学 ——— 12	フックの法則 ——— 49,122	面積 ——— 29
動力 ——— 125	不定積分 ——— 33	モータートルク ——— 20
トルク ——— 124,187	浮力 ——— 80	モーメント ——— 14,63,74,124
	分布荷重 ——— 77	
■ な	分布力 ——— 77	■ や
内積 ——— 29	分離速度 ——— 137	躍度 ——— 89
内力 ——— 146	平均変化率 ——— 30	有効数字 ——— 46
滑らかな面 ——— 47	平行軸の定理 ——— 164	搖動運動 ——— 18
二次導関数 ——— 30	並進運動 ——— 13	余弦 ——— 26
ニュートンの運動法則 ——— 14,108	ベクトル ——— 29	
ニュートンの法則 ——— 42	ペトロフの式 ——— 191	■ ら
ニュートン流体 ——— 190	ベルト ——— 17	ラジアン ——— 44
ねじ ——— 17,186	ヘロンの公式 ——— 16	ラミの定理 ——— 56
	変位 ——— 29,86	力学 ——— 12
■ は	法線加速度 ——— 88,97	力学的エネルギー ——— 126,128
歯車 ——— 17	保存力 ——— 122	力学的エネルギー保存の法則 ——— 129
パスカルの原理 ——— 80	保存力の場 ——— 129	力積 ——— 135
ばね定数 ——— 122	ポテンシャルエネルギー ——— 126	力点 ——— 14
速さ ——— 87	ホドグラフ ——— 87	
半角の公式 ——— 36		

●本書の関連データが web サイトからダウンロードできます。

http://www.jikkyo.co.jp/ で
「工業力学」を検索してください。

提供データ：Web に Link

■監修

PEL 編集委員会

■編著

本江哲行　国立高等専門学校機構
　　　　　本部教育研究調査室教授

久池井茂　北九州工業高等専門学校教授

■執筆

伊藤昌彦　仙台高等専門学校教授

小松崎俊彦　金沢大学准教授

池田　耕　茨城工業高等専門学校教授

田中嘉津彦　福井工業高等専門学校教授

國峰寛司　明石工業高等専門学校教授

森本喜隆　金沢工業大学教授

小島隆史　香川高等専門学校教授

吉野正信　長岡工業高等専門学校教授

●表紙デザイン・本文基本デザイン──エッジ・デザイン・オフィス

Professional Engineer Library

工業力学

2016 年 10 月 20 日　初版第 1 刷発行
2023 年 2 月 20 日　初版第 2 刷発行

●執筆者　本江哲行・久池井茂 ほか 8 名(別記)
●発行者　小田良次
●印刷所　中央印刷株式会社

●発行所　実教出版株式会社
〒102-8377
東京都千代田区五番町 5 番地
電話［営　　業］(03)3238-7765
　　［企画開発］(03)3238-7751
　　［総　　務］(03)3238-7700
https://www.jikkyo.co.jp/

無断複写・転載を禁ず

Ⓒ T. Hongo・S. Kuchii 2016

ISBN978-4-407-33789-1　C3053　　　　　　　　　　　　　　　　Printed in Japan